甘薯营养成分与功效科普丛书

甘薯油的“秘密”

木泰华　张　苗　编著

科学出版社
北　京

内 容 简 介

本书对甘薯油的“秘密”进行了系统详细的介绍，包括甘薯油的组成与营养、甘薯油的健康益处、甘薯油的吃法等。本书为我国甘薯资源的精深加工与综合利用提供理论基础与技术支持，对于促进甘薯加工与消费具有重要的推动作用。

本书可供高等院校和科研院所食品工艺学相关专业的本科生、研究生，企业研发人员，以及爱好、关注食品工艺学的读者参考。

图书在版编目（CIP）数据

甘薯油的“秘密”/木泰华，张苗编著.—北京：科学出版社，2019.1

（甘薯营养成分与功效科普丛书）

ISBN 978-7-03-059284-2

Ⅰ.①甘… Ⅱ.①木… ②张… Ⅲ.①甘薯－食用油－介绍 Ⅳ.①TS225.1

中国版本图书馆CIP数据核字（2018）第250732号

责任编辑：贾 超 李丽娇 / 责任校对：杜子昂
责任印制：肖 兴 / 封面设计：东方人华

科学出版社 出版
北京东黄城根北街16号
邮政编码：100717
http://www.sciencep.com
北京汇瑞嘉合文化发展有限公司 印刷
科学出版社发行 各地新华书店经销
*
2019年1月第 一 版 开本：890×1240 1/32
2019年1月第二次印刷 印张：2
字数：56 000

定价：39.80元

（如有印装质量问题，我社负责调换）

作 者 简 介

木泰华 男，1964 年 3 月生，博士，博士研究生导师，研究员，中国农业科学院农产品加工研究所薯类加工创新团队首席科学家，国家甘薯产业技术体系产后加工研究室岗位科学家。担任中国淀粉工业协会甘薯淀粉专业委员会会长、欧盟“地平线 2020”项目评委、《淀粉与淀粉糖》编委、《粮油学报》编委、*Journal of Food Science and Nutrition Therapy* 编委、《农产品加工》编委等职。

1998 年毕业于日本东京农工大学联合农学研究科生物资源利用学科生物工学专业，获农学博士学位。1999 年至 2003 年先后在法国 Montpellier 第二大学食品科学与生物技术研究室及荷兰 Wageningen 大学食品化学研究室从事科研工作。2003 年 9 月回国，组建了薯类加工团队。主要研究领域：薯类加工适宜性评价与专用品种筛选；薯类淀粉及其衍生产品加工；薯类加工副产物综合利用；薯类功效成分提取及作用机制；薯类主食产品加工工艺及质量控制；薯类休闲食品加工工艺及质量控制；超高压技术在薯类加工中的应用。

近年来主持或参加国家重点研发计划项目 - 政府间国际科技创新合作重点专项、“863”计划、“十一五”“十二五”国家科技支撑计划、国家自然科学基金项目、公益性行业（农业）科研专项、现代农业产业技术体系建设专项、科技部科研院所技术开发研究专项、科技部农业科技成果转化资金项目、“948”计划等项目或课题 68 项。

相关成果获省部级一等奖 2 项、二等奖 3 项，社会力量奖一等奖 4 项、二等奖 2 项，中国专利优秀奖 2 项；发表学术论文 161 篇，其中 SCI 收录 98 篇；出版专著 13 部，参编英文著作 3 部；获授权国家发明专利 49 项；制定《食用甘薯淀粉》等国家 / 行业标准 2 项。

张苗 女，1984 年 6 月生，博士，助理研究员。2007 年毕业于福州大学生物科学与工程学院，获食品科学学士学位；2012 年毕业于中国农业科学院研究生院，获农学博士学位。2012 年毕业后在中国农业科学院农产品加工研究所工作至今。2017~2018 年在美国奥本大学访问学习。目前主要从事薯类加工及副产物综合利用方面的研究工作。主持国家自然科学基金青年科学基金项目、北京市自然科学基金面上项目；参与国际合作与交流项目、“十二五”科技支撑计划、农业部现代农业产业技术体系项目等，先后在 *Journal of Functional Foods*、*Innovative Food Science and Emerging Technologies*、*International Journal of Food Science and Technology* 和《农业工程学报》等期刊上发表多篇论文。

前　言

P R E F A C E

甘薯俗称红薯、白薯、地瓜、番薯、红芋、红苕等，是旋花科一年生或多年生草本植物，原产于拉丁美洲，明代万历年间传入我国，至今已有400多年栽培历史。甘薯栽培具有低投入、高产出、耐干旱和耐瘠薄等特点，是仅次于水稻、小麦、玉米和马铃薯的重要粮食作物。

甘薯富含多种人体所需的营养物质，如蛋白质、可溶性糖、脂肪、膳食纤维、果胶、钙、铁、磷、β-胡萝卜素等。此外，还含有维生素C、维生素B_1、维生素B_2、维生素E及尼克酸和亚油酸等。在美国、日本和韩国等发达国家，甘薯主要用于鲜食和加工方便食品，比较强调甘薯的保健作用。20世纪五六十年代，甘薯是我国居民的主要粮食作物。在解决粮食短缺，抵御自然灾害等方面发挥了重要作用。但是，随着人们生活水平的提高，甘薯作为单一的粮食作物已成为历史。进入21世纪，甘薯加工产品朝着多样化和专用型方向发展，已经成为重要的粮食、饲料及工业原料。

目前，甘薯在我国工业上主要用来生产淀粉及其制品，部分用于生产甘薯全粉、薯脯、薯片等食品，产品单一、营养价值低，极大地限制了甘薯加工与消费的可持续性增长。研究表明，甘薯中含有一定量的甘薯油。它由不同脂质组成，包括中性脂、糖脂和磷脂，具有提高记忆力、抗肿瘤等多种保健特性，是优质植物脂质的良好来源。

2003年，笔者在荷兰与瓦赫宁根（Wageningen）大学食品化学研究室Harry Gruppen教授合作完成了一个薯类保健特性方面的研究项目。回国后，怀着对薯类研究的浓厚兴趣，笔者带领团队成员对甘薯淀粉、蛋白及肽开展了较深入的研究。十余年来，笔者团队承担了“国家现代农业（甘薯）产业技术体系建设专项”“国家科技支撑计划专题——甘薯加工适宜性评价与专用品种筛选”“甘薯蛋白深加工技术的研究与开发”“甘薯淀粉加工废液中蛋白回收技术中试与示范”“甘薯深加工关键技术研究与产业化示范”“农产品加工副产物高值化利用技术引进与利用”等项目或课题，攻克了一批关键技术，取得了一批科研成果，培养了一批技术人才。

编写本书的目的是向大家介绍甘薯油的组成与营养方面的知识，并将甘薯油的健康益处、甘薯油的吃法等方面的一些最新见知奉献给大家。

由于作者水平所限，加之甘薯精深加工与综合利用领域发展迅猛，书中内容难免有不妥或疏漏之处，恳请各位读者批评指正。

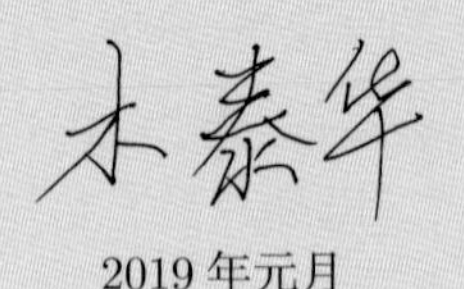

2019年元月

目　录

CONTENTS

一、甘薯中原来也有油

1. 什么是甘薯油？

2. 甘薯中含有多少油？

1. 什么是甘薯油?

在谈甘薯油之前，首先来了解下脂质和油的概念。脂质，又称脂类，指脂肪酸和醇作用而生成的酯及其衍生物，其是油脂和类脂的总称（图 1-1）。脂质在人们的生活和经济发展中具有重要的地位，它与碳水化合物、蛋白质并列称为人体必需的三大基本营养成分。油脂是脂肪族羧酸与甘油所形成的酯，包括油和脂肪。日常生活中，在室温下呈液态的油脂称为油，而呈固态者则称为脂肪。根据极性不同，脂质分为非极性脂和极性脂，其中极性脂又可以根据极性基团不同分为磷脂和糖脂。

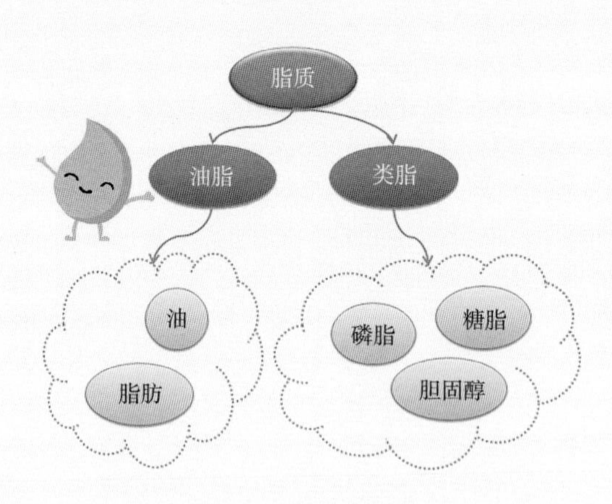

图 1-1　脂质的分类

那么，什么是甘薯油呢？为了便于大家理解，我们把甘薯中的脂质称为甘薯油。顾名思义，甘薯油就是采用一定技术从甘薯块根或茎叶中提取的脂质。笔者团队选用了 11 个不同品种的甘薯，分别取自浙江（‘心香 1 号’、‘浙薯 7518’）、河北（‘北京 553’、‘冀薯 98’、‘无糖 1 号’）、江苏（‘徐薯 18’、‘徐薯 22’、‘徐薯 27’、‘徐薯 28’、‘商薯 19’）和北京（‘密选 1 号’）。以上述 11 个品种甘薯为原料，对其中的脂质进行了提取，如图 1-2 所示。

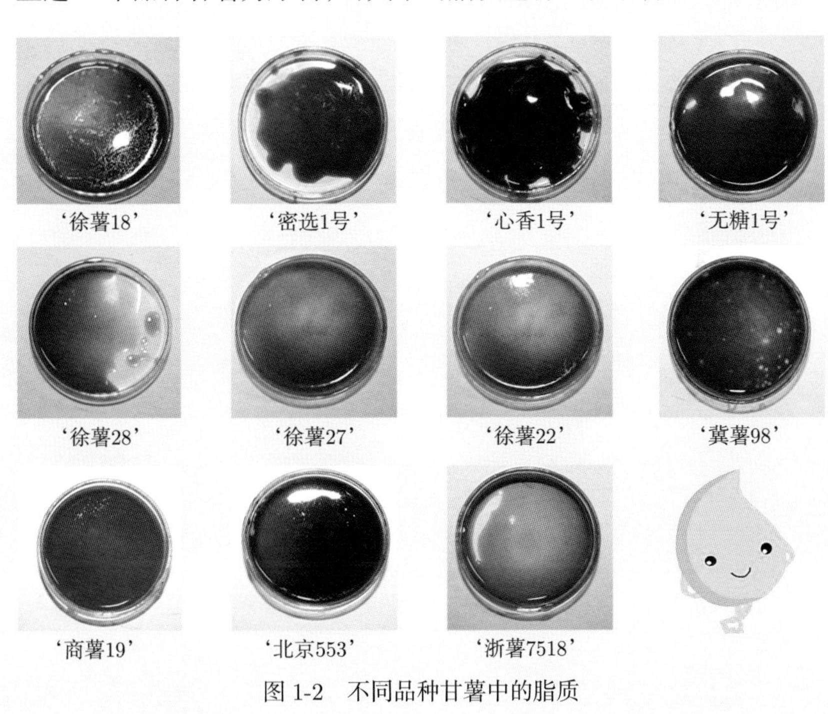

图 1-2　不同品种甘薯中的脂质

2. 甘薯中含有多少油？

为了弄清楚甘薯中油的含量，笔者团队对 11 个不同品种甘薯的化学成分进行了分析（表 1-1）。11 个不同品种甘薯的水分含量为

60.13%~78.43%，其中‘徐薯 27’和‘北京 553’的水分含量明显高于‘浙薯 7518’和‘密选 1 号’。淀粉是甘薯的主要成分，不同品种甘薯块根的淀粉含量为 54.59%~76.95%。其中，淀粉含量最高的品种为‘徐薯 27’，含量最低的品种为‘冀薯 98’。甘薯蛋白质的含量为 3.53%~9.13%，高于木薯、大蕉和芋头中蛋白质的含量，但低于马铃薯和山药。甘薯粗纤维的含量为 1.80%~3.76%，其中含量最低的品种为‘无糖 1 号’，含量最高的品种为‘北京 553’。相似地，不同品种甘薯中的灰分含量也呈现显著的差异性，其含量为 2.32%（‘浙薯 7518’）~3.95%（‘商薯 19’），是评价食物中矿物元素含量的重要指标。

表 1-1　11 种不同品种甘薯的化学成分（%，质量分数）

品种	水分（鲜重）	淀粉（干基）	蛋白质（干基）	粗纤维（干基）	灰分（干基）	粗脂肪（干基）
‘徐薯 28’	67.29	72.25	6.23	2.64	2.46	0.97
‘徐薯 27’	78.43	76.95	5.42	3.65	3.83	0.93
‘密选 1 号’	61.21	65.43	7.00	2.27	2.41	1.06
‘冀薯 98’	67.94	54.59	9.13	2.17	2.73	0.72
‘徐薯 22’	72.30	66.33	7.90	3.51	3.63	0.99
‘徐薯 18’	68.94	71.47	3.72	2.35	2.33	1.00
‘商薯 19’	72.40	67.47	4.27	3.13	3.95	1.44
‘北京 553’	75.28	66.87	5.32	3.76	3.15	0.98
‘心香 1 号’	65.15	73.88	3.65	3.05	2.60	1.25
‘浙薯 7518’	60.13	68.59	3.53	2.08	2.32	0.95
‘无糖 1 号’	66.42	72.71	7.88	1.80	2.79	0.91

进一步调查，笔者团队发现不同品种甘薯的粗脂肪含量为 0.72%~1.44%。也就是说，相比于其他成分，甘薯油的含量是比较低的，但这并不妨碍它的重要性。

二、甘薯油的组成与营养

1. 甘薯油有哪些成分？
2. 甘薯油中的脂肪酸有哪些？
3. 甘薯油富含亚油酸
4. 甘薯油中也有亚麻酸
5. 谈谈甘薯油中的中性脂
6. 什么是甘薯糖脂？
7. 说说甘薯油中的磷脂

1. 甘薯油有哪些成分?

笔者团队研究发现，甘薯油主要是由不同脂质组成的，包括中性脂、糖脂和磷脂（表 2-1）。

表 2-1 不同品种甘薯脂质的组成与含量（%，质量分数）

品种	中性脂	糖脂	磷脂
‘徐薯 28’	54.18	37.65	8.17
‘商薯 19’	56.76	36.10	7.14
‘心香 1 号’	55.26	36.08	8.69
‘徐薯 18’	36.74	45.49	17.79
‘无糖 1 号’	61.04	31.24	7.72
‘徐薯 27’	50.95	42.00	7.05
‘徐薯 22’	52.96	31.30	15.73
‘密选 1 号’	55.79	36.38	7.85
‘北京 553’	44.90	41.03	14.07
‘冀薯 98’	55.56	30.29	14.14
‘浙薯 7518’	33.70	49.25	17.07

中性脂是甘薯脂质的主要组分，而甘油三酯是甘薯中性脂的主要组成成分，在维持体内能量代谢中起重要的作用。甘薯中性脂的含量为 33.70%~61.04%，其中‘无糖 1 号’的中性脂含量最高，达 61.04%，‘浙薯 7518’的中性脂含量最低，为 33.70%。

甘薯糖脂的含量为 30.29%~49.25%，其中，‘浙薯 7518’的糖脂含量最高，达 49.25%，‘冀薯 98’的糖脂含量最低，为 30.29%。已有学者研究发现，糖脂对肠腺癌、乳腺癌、前列腺癌、肺腺癌和胃癌细胞均有一定的抑制作用。

磷脂在甘薯中的含量相对较少，含量为 7.05%~17.79%。‘徐薯18’的磷脂含量最高，达 17.79%，‘徐薯 27’的磷脂含量最低，为 7.05%。磷脂具有调节血脂、降低胆固醇的作用，并且可以强化脑部功能，增强人体记忆力。

已有学者对不同植物中的脂质进行了研究，发现米糠油中的中性脂含量为 88.1%~89.2%，糖脂和磷脂的含量分别为 6.3%~7.0% 和 4.5%~4.9%；小米种子油中的中性脂含量为 85%，糖脂含量为 3%，磷脂含量为 12%；葫芦巴种子油中性脂含量为 84.1%，糖脂和磷脂含量分别为 5.4% 和 10.5%；黑孜然油中，中性脂、糖脂和磷脂的含量分别为 97.2%、2.18% 和 0.32%（图 2-1）。由此可以看出，甘薯中的糖脂和磷脂含量明显高于这些植物中的糖脂和磷脂含量，是一种潜在的糖脂和磷脂来源。

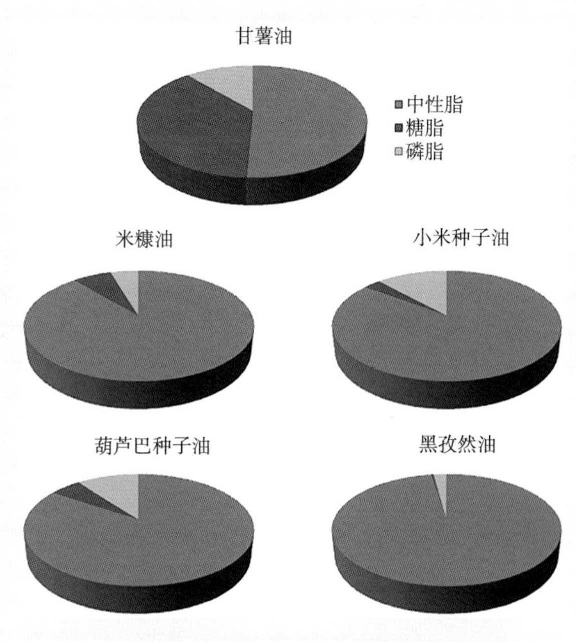

图 2-1　不同植物脂质的组成

2. 甘薯油中的脂肪酸有哪些？

脂肪酸是最简单的一种脂，由碳、氢、氧三种元素组成，是许多更复杂的脂（如中性脂、糖脂和磷脂）的组成成分。脂肪酸主要分为饱和脂肪酸和不饱和脂肪酸。

甘薯油，也就是甘薯脂质，其中的脂肪酸包括棕榈酸（$C_{16:0}$）、硬脂酸（$C_{18:0}$）、油酸（$C_{18:1}$）、亚油酸（$C_{18:2}$）、亚麻酸（$C_{18:3}$）和花生酸（$C_{20:0}$），其中 $C_{16:0}$、$C_{18:2}$、$C_{18:3}$ 为主要的脂肪酸组成成分（表2-2）。$C_{16:0}$ 的含量为 35.92%~42.57%，‘徐薯 27’的含量最高，达 42.57%；‘冀薯 98’的含量最低，为 35.92%。在甘薯中，$C_{18:2}$ 的含量为 35.20%~41.67%，‘商薯 19’的含量最高，达 41.67%；‘徐薯 27’的含量最低，为 35.20%。$C_{18:3}$ 的含量为 14.54%~21.21%，‘冀薯 98’的含量最高，达 21.21%；‘心香 1 号’的含量最低，为 14.54%。$C_{18:0}$、$C_{18:1}$ 和 $C_{20:0}$ 的含量相对较低，$C_{18:0}$ 的含量为 2.12%~3.43%，其中‘心香 1 号’的含量最高，达 3.43%；‘北京

553’的含量最低，为 2.12%。$C_{18:1}$ 的含量为 0.62%~2.11%，其中‘商薯 19’含量最高，达 2.11%；‘冀薯 98’的含量最低，为 0.62%。$C_{20:0}$ 的含量最低，为 0.26%~0.36%，其中‘徐薯 22’和“密选 1 号”含量最高，达 0.36%；‘徐薯 28’的含量最低，为 0.26%。甘薯中不饱和脂肪酸（UFA）含量较高，为 54.11%~61.31%，其中‘冀薯 98’的不饱和脂肪酸含量最高，达 61.31%，‘徐薯 27’的最低，为 54.11%。已有学者指出，大米中的脂肪酸主要以 $C_{16:0}$、$C_{18:2}$ 和 $C_{18:3}$ 为主，与甘薯中脂肪酸组成非常类似。

亚油酸（$C_{18:2}$）和亚麻酸（$C_{18:3}$）是人体必需脂肪酸，必须通过食物供给。甘薯油富含不饱和脂肪酸（UFA），是亚油酸（$C_{18:2}$）和亚麻酸（$C_{18:3}$）的优质来源。

表 2-2　不同品种甘薯脂质中脂肪酸的组成及含量（%，质量分数）

品种	棕榈酸 $C_{16:0}$	硬脂酸 $C_{18:0}$	油酸 $C_{18:1}$	亚油酸 $C_{18:2}$	亚麻酸 $C_{18:3}$	花生酸 $C_{20:0}$	SFA	UFA	SFA/UFA
‘徐薯 18’	38.53	2.54	1.68	37.78	18.95	0.30	41.61	58.41	0.71
‘密选 1 号’	41.34	2.62	1.18	37.96	16.28	0.36	44.61	55.42	0.80
‘心香 1 号’	40.42	3.43	1.36	39.67	14.54	0.35	44.45	55.57	0.80
‘无糖 1 号’	39.78	2.38	0.69	38.43	18.16	0.31	42.74	57.28	0.75
‘徐薯 28’	38.34	2.61	1.27	41.45	15.88	0.26	41.43	58.60	0.71
‘徐薯 27’	42.57	2.74	1.21	35.20	17.70	0.31	45.87	54.11	0.85
‘徐薯 22’	39.96	2.95	1.20	36.73	18.57	0.36	43.53	56.50	0.77
‘冀薯 98’	35.92	2.30	0.62	39.48	21.21	0.28	38.71	61.31	0.63
‘商薯 19’	37.55	2.47	2.11	41.67	15.65	0.33	40.59	59.43	0.68
‘北京 553’	38.40	2.12	0.92	40.48	17.54	0.35	41.09	58.94	0.70
‘浙薯 7518’	36.52	3.04	1.63	40.61	17.73	0.29	40.06	59.97	0.67

注：SFA：饱和脂肪酸；UFA：不饱和脂肪酸；SFA/UFA：饱和脂肪酸与不饱和脂肪酸比值。

3. 甘薯油富含亚油酸

亚油酸，学名顺，顺 -9,12- 十八（碳）二烯酸，为一种不饱和脂肪酸，是人体必需脂肪酸。亚油酸可降低血胆固醇、预防动脉粥样硬化，有“血管清道夫”的美誉，因而受到广泛关注。已有学者研究发现，亚油酸参与胆固醇在体内的运转和代谢。在缺乏亚油酸的情况下，机体内胆固醇会与其他饱和脂肪酸结合，导致血管壁沉积，并逐步形成动脉粥样硬化，最终引发心脑血管疾病。

甘薯油中亚油酸的含量为 35.20%~41.67%，含量丰富，可作为亚油酸的潜在来源。因此，想要预防或减少心血管疾病等情况的发生，不妨来点甘薯油。

4. 甘薯油中也有亚麻酸

亚麻酸，学名顺，顺，顺-9,12,15-十八碳三烯酸，属 ω-3 系列多烯脂肪酸，也是不饱和脂肪酸的一种，是人体必需脂肪酸。在缺乏亚油酸的情况下，可造成机体脂质代谢紊乱，并导致免疫力降低、视力减退、疲劳、健忘、动脉粥样硬化等的发生。特别是婴幼儿、

青少年，亚麻酸的缺乏会严重影响其智力的正常发育。与此同时，亚麻酸的缺乏可影响维生素、矿物质、蛋白质等营养素在机体内的有效吸收和利用，从而引起营养流失。

甘薯油中亚麻酸的含量为14.54%~21.21%，可作为亚麻酸潜在的增补物。因此，想要预防或缓解亚麻酸的缺乏，来点甘薯油也是不错的选择。

5. 谈谈甘薯油中的中性脂

在谈甘薯油中的中性脂之前，首先让我们来了解下什么是中性脂。中性脂，即甘油三酯，约占人体脂类的95%。中性脂是人体的体力之源，不可或缺。但是，如果中性脂摄取过量或没有被作为能量使用，就会在人体内积存，从而造成肥胖、高血压和心脏病等。

我们在前面已提到，甘薯油中的中性脂含量为33.70%~61.04%，那么甘薯中性脂的脂肪酸组成是怎样的呢？甘薯中性脂的不饱和脂肪酸主要由$C_{18:1}$、$C_{18:2}$和$C_{18:3}$组成，其中含量最高的为$C_{18:2}$，其含量为43.79%~54.47%，‘徐薯28’的含量最高，达54.47%；‘徐薯18’的含量最低，为43.79%。甘薯中性脂的$C_{18:1}$和$C_{18:3}$的含量分别为0.50%~1.61%和7.35%~15.57%。甘薯中性脂的饱和脂肪酸主要由$C_{16:0}$、

$C_{18:0}$ 和 $C_{20:0}$ 组成，其中 $C_{16:0}$ 是主要组分，含量为 26.90%（‘冀薯 98’）~36.84%（‘徐薯 18’）；而 $C_{18:0}$ 和 $C_{20:0}$ 的含量分别为 3.11%（‘冀薯 98’）~4.56%（‘徐薯 22’）和 1.02%（‘徐薯 27’）~1.57%（‘徐薯 18’）。不难发现，甘薯中性脂中不饱和脂肪酸含量丰富，含量为 55.89%（‘徐薯 18’）~68.31%（‘冀薯 98’）（表 2-3）。已有学者指出，不饱和脂肪酸在降低血液胆固醇和血脂，预防心血管疾病，保护大脑和神经系统中的意义很大。因此，甘薯油中的中性脂是很不错的体力之源。

表 2-3　不同品种甘薯中性脂中脂肪酸的组成及含量（%，质量分数）

品种	棕榈酸 $C_{16:0}$	硬脂酸 $C_{18:0}$	油酸 $C_{18:1}$	亚油酸 $C_{18:2}$	亚麻酸 $C_{18:3}$	花生酸 $C_{20:0}$	SFA	UFA	SFA/UFA
‘徐薯 28’	27.50	4.26	1.14	54.47	10.57	1.23	32.98	66.18	0.50
‘商薯 19’	31.35	3.22	0.90	53.43	8.42	1.36	35.93	62.75	0.57
‘心香 1 号’	29.88	4.41	1.17	52.12	9.96	1.36	35.65	63.26	0.56
‘徐薯 18’	36.84	4.52	1.18	43.79	10.91	1.57	42.93	55.89	0.77
‘无糖 1 号’	31.39	4.03	0.50	54.00	7.35	1.10	36.52	61.86	0.59
‘徐薯 27’	33.11	3.26	1.61	48.96	11.40	1.02	37.39	61.97	0.60
‘徐薯 22’	35.45	4.56	1.07	44.56	11.49	1.29	41.31	57.13	0.72
‘密选 1 号’	30.81	3.46	1.43	49.46	13.11	1.34	35.61	64.00	0.56
‘北京 553’	34.26	3.78	0.97	48.95	9.50	1.16	39.20	59.43	0.66
‘冀薯 98’	26.90	3.11	0.65	52.08	15.57	1.07	31.08	68.31	0.45
‘浙薯 7518’	30.32	4.08	1.39	49.85	11.84	1.40	35.80	63.08	0.57

注：SFA：饱和脂肪酸；UFA：不饱和脂肪酸；SFA/UFA：饱和脂肪酸与不饱和脂肪酸比值。

6. 什么是甘薯糖脂？

在日常生活中，我们比较少提到糖脂。那么，什么是糖脂呢？原来，糖脂是指含有糖基配体的脂类化合物，主要分为两大类：甘油糖脂和鞘糖脂。糖脂是一种重要的功能性物质，从植物中提取的糖脂展现出多种生物活性，包括抗肿瘤活性、抗炎活性和抗病毒活性。甘薯油中糖脂含量较高，约为米糠油、紫苏油籽油和葫芦巴种子油中含量的 8~10 倍，是糖脂的潜在来源。甘薯油中的糖脂主要以单半乳糖甘油二酯（MGDG）和双半乳糖甘油二酯（DGDG）为主，其主要的结构中一般包括 1 个或 2 个 C_{16} 到 C_{20} 不饱和脂肪酸链。

那么，甘薯油中糖脂的脂肪酸组成又是怎样的呢？甘薯油中糖脂的脂肪酸含量最多的为 $C_{18:2}$，含量为 50.47%（‘徐薯 18’）~65.20%（‘商薯 19’）；其次为 $C_{16:0}$，含量为 20.09%（‘商薯 19’）~33.42%（‘北京 553’）；$C_{18:0}$ 和 $C_{18:3}$ 的含量分别为 3.13%（‘商薯 19’）~5.90%（‘徐薯 22’）和 7.01%（‘无糖 1 号’）~17.47%（‘密选 1 号’）；而 $C_{18:1}$ 和 $C_{20:0}$ 的含量相对较少，$C_{18:1}$ 含量为 0.25%（‘无

糖1号’）~1.02%（‘徐薯27’），部分品种甘薯中未检出$C_{20:0}$（‘徐薯28’、‘徐薯27’、‘徐薯22’、‘密选1号’、‘冀薯98’和‘浙薯7518’），其余品种中$C_{20:0}$的含量也为微量（表2-4）。与甘薯油中的中性脂类似，甘薯油中糖脂的不饱和脂肪酸含量也是相当丰富。

表2-4 不同品种甘薯糖脂中脂肪酸的组成及含量（%，质量分数）

品种	棕榈酸 $C_{16:0}$	硬脂酸 $C_{18:0}$	油酸 $C_{18:1}$	亚油酸 $C_{18:2}$	亚麻酸 $C_{18:3}$	花生酸 $C_{20:0}$	SFA	UFA	SFA/UFA
‘徐薯28’	28.04	5.43	0.49	57.72	8.04	ND	33.46	66.25	0.51
‘商薯19’	20.09	3.13	0.56	65.20	10.58	0.22	23.44	76.34	0.31
‘心香1号’	24.06	4.28	0.52	61.46	9.31	0.11	25.38	71.02	0.36
‘徐薯18’	32.39	5.04	0.85	50.47	10.59	0.31	37.75	61.92	0.61
‘无糖1号’	23.37	4.81	0.25	64.20	7.01	0.21	28.39	71.46	0.40
‘徐薯27’	29.46	4.38	1.02	54.28	10.23	ND	33.84	65.52	0.52
‘徐薯22’	31.04	5.90	0.72	50.54	11.36	ND	36.95	62.62	0.59
‘密选1号’	24.08	4.37	1.00	52.80	17.47	ND	28.45	71.27	0.40
‘北京553’	33.42	3.78	0.67	52.46	8.28	0.47	37.67	61.41	0.61
‘冀薯98’	21.37	3.94	0.37	59.18	14.55	ND	25.32	74.10	0.34
‘浙薯7518’	21.24	4.90	0.57	61.35	11.66	ND	26.14	73.58	0.36

注：SFA：饱和脂肪酸；UFA：不饱和脂肪酸；SFA/UFA：饱和脂肪酸与不饱和脂肪酸比值；ND：未检出。

7. 说说甘薯油中的磷脂

磷脂指含有磷酸的脂类，是组成生物膜的主要成分，分为两大类：甘油磷脂与鞘磷脂。磷脂为两性分子，一端亲水，含氮或磷；另一端疏水，含亲油的长烃基链。磷脂常与蛋白质、糖脂、胆固醇等其他分子共同构成脂质双分子层，即细胞膜结构。甘薯油中磷脂含量较少，但其脂肪酸组成决定了生物膜的物理性质。

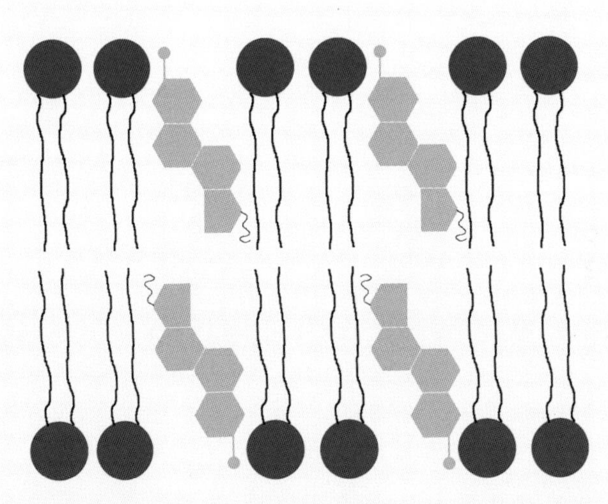

那么，甘薯油中磷脂由哪些脂肪酸组成呢？脂肪酸组成与其他组分组成类似，不饱和脂肪酸含量较高，为 56.53%（‘北京553’）~75.37%（‘商薯 19’），主要包括 $C_{18:1}$、$C_{18:2}$ 和 $C_{18:3}$，其含量分别为 0.59%（‘无糖 1 号’）~3.08%（‘北京 553’）、47.00%（‘北京 553’）~67.74%（‘商薯 19’）和 4.40%（‘无糖 1 号’）~8.84%（‘徐薯 22’），其中以 $C_{18:2}$ 的含量最高。磷脂中 $C_{18:2}$ 可以有效地调节花生四烯酸、白细胞三烯和前列腺素的生成，促进抗体生成，减轻炎症反应。而饱和脂肪酸主要以 $C_{16:0}$ 为主，含量为 21.92%（‘商薯 19’）~39.33%（‘北京 553’），$C_{18:0}$ 和 $C_{20:0}$ 的含量较少，$C_{18:0}$ 的含量为 1.82%（‘商薯 19’）~4.53%（‘心香 1 号’）；$C_{20:0}$ 的含量为 0.55%（‘心香 1 号’）~1.34%（‘北京 553’）（表 2-5）。

表2-5　不同品种甘薯磷脂中脂肪酸的组成及含量（%，质量分数）

品种	棕榈酸 $C_{16:0}$	硬脂酸 $C_{18:0}$	油酸 $C_{18:1}$	亚油酸 $C_{18:2}$	亚麻酸 $C_{18:3}$	花生酸 $C_{20:0}$	SFA	UFA	SFA/UFA
‘徐薯 28’	34.48	3.45	1.12	53.16	6.76	1.03	39.41	61.75	0.64
‘商薯 19’	21.92	1.82	1.10	67.74	6.53	0.72	24.46	75.37	0.32
‘心香 1 号’	31.76	4.53	1.17	56.38	5.62	0.55	36.84	63.16	0.58
‘徐薯 18’	36.29	3.51	1.27	49.51	8.37	0.98	40.78	59.14	0.69
‘无糖 1 号’	37.08	3.57	0.59	53.15	4.40	1.14	41.79	58.14	0.72
‘徐薯 27’	34.66	3.23	2.11	51.81	8.18	ND	37.89	62.11	0.61
‘徐薯 22’	33.36	3.63	0.92	52.30	8.84	0.87	37.86	62.06	0.61
‘密选 1 号’	37.74	3.62	1.83	48.02	8.21	ND	41.94	58.06	0.72
‘北京 553’	39.33	3.36	3.08	47.00	5.89	1.34	43.73	56.53	0.77
‘冀薯 98’	35.30	3.22	0.74	51.92	7.89	0.93	39.45	60.55	0.65
‘浙薯 7518’	32.60	3.70	1.20	54.92	6.91	0.67	36.97	63.03	0.59

注：SFA：饱和脂肪酸；UFA：不饱和脂肪酸；SFA/UFA：饱和脂肪酸与不饱和脂肪酸比值；ND：未检出。

三、甘薯油的健康益处

1. 甘薯油可以提高记忆力吗？
2. 吃甘薯油会胖吗？
3. 癌细胞“害怕”甘薯油？
4. 癌细胞“更害怕”甘薯糖脂？
5. 说说甘薯油抗癌细胞转移
6. 谈谈甘薯糖脂抗癌细胞转移

1. 甘薯油可以提高记忆力吗?

如何提高记忆力是很多人关心的热门话题。已有很多学者研究了脂质在提高记忆力方面的作用。神经节苷脂具有提高人记忆力的作用。作用机制为：神经节苷脂提高胶质源性神经营养因子和脑源性神经营养因子的神经保护作用，降低自由基浓度，从而减少一氧化氮的生成，继而减少神经细胞的死亡。蛋黄卵磷脂可以改善阿尔茨海默病患病小鼠的记忆力，并能够提高小鼠脑内乙酰胆碱浓度。二十碳五烯酸（EPA）、二十二碳六烯酸（DHA）具有健脑、提高记忆力和视力的功能，尤其是促进胎儿脑细胞发育和婴幼儿脑细胞生长，促进青少年提高记忆，防治阿尔茨海默病。

甘薯油可以提高记忆力吗?

答案是肯定的。目前，已有学者研究发现，甘薯油具有改善小鼠记忆力，提高主动和被动学习能力的作用。为了提高记忆力，大家也不妨来点甘薯油吧。

2. 吃甘薯油会胖吗?

任何食用油，不管是动物油还是植物油，包括甘薯油在内，摄入过量的话都会导致肥胖。

常见的误区：很多人认为，吃植物油不易发胖，食用动物油才易导致肥胖。动物油中含有较多的饱和脂肪酸，其与胆固醇形成酯，易在人体内沉积，造成动脉粥样硬化等多种疾病；而植物油含有较多的不饱和脂肪酸，其中的必需脂肪酸在体内发挥着重要的生理作用。基于上述常识，人们在预防肥胖、减肥时，比较注重对动物油的摄入控制，却往往忽略对植物油的限制，以致造成肥胖的后果。事实上，无论何种食物，只要摄入的能量大于消耗的能量，都可能会导致肥胖。

甘薯油是一种优质的植物油资源，适量摄入可为机体提供不可或缺的必需脂肪酸。因此，科学地食用甘薯油，是远离肥胖、保持健康的法宝。

3. 癌细胞“害怕”甘薯油？

癌症，存在治愈难、死亡率高等问题，人们常常会“谈癌色变”。那么，癌细胞“害怕”甘薯油吗？让我们细细道来。

近年来，人类在癌症治疗方面取得了许多突破性的进展，但是缺乏可选择性的药物和抗癌药物耐药性的出现，导致化学疗法在癌症的治疗中存在很大的局限性。因此，寻找新型抗癌药物来源仍然是今后的工作重点。众所周知，食用蔬菜能够降低癌症的发病风险，并且超过 60% 的抗癌药物（如长春碱、托泊替康、依托泊苷和紫杉醇等）最初都是在植物中发现的，这预示着可食用植物是抗癌药物的潜在来源。已有学者研究表明，在 40 种有抗癌作用的可食植物中，甘薯抗癌活性最好。

那么，癌细胞“害怕”甘薯油吗？笔者团队研究发现，随着甘薯油浓度的增加，其对结肠癌 HT-29 细胞的抑制率显著增大。当甘薯油浓度达到 1000 μg/mL 时，作用 48 h 后，对 HT-29 细胞的抑制率可以达到 69.24%（图 3-1）。

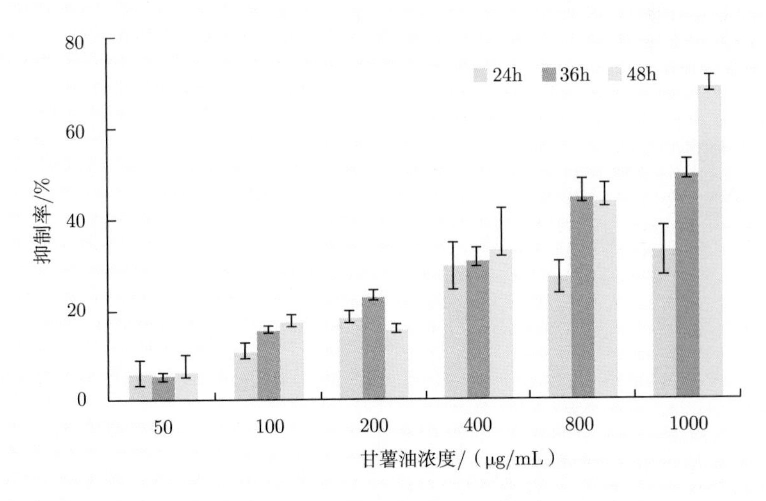

图 3-1　甘薯油对结肠癌 HT-29 细胞的抑制作用

同时，笔者团队研究发现，随着甘薯油浓度的增大，其对乳腺癌 Bcap-37 细胞的抑制率显著增大。当甘薯油浓度达到 1000 μg/mL 作用 48 h 后，对 Bcap-37 细胞的抑制率可以达到 54.66%，且呈现较好的剂量 - 时间依赖关系（图 3-2）。

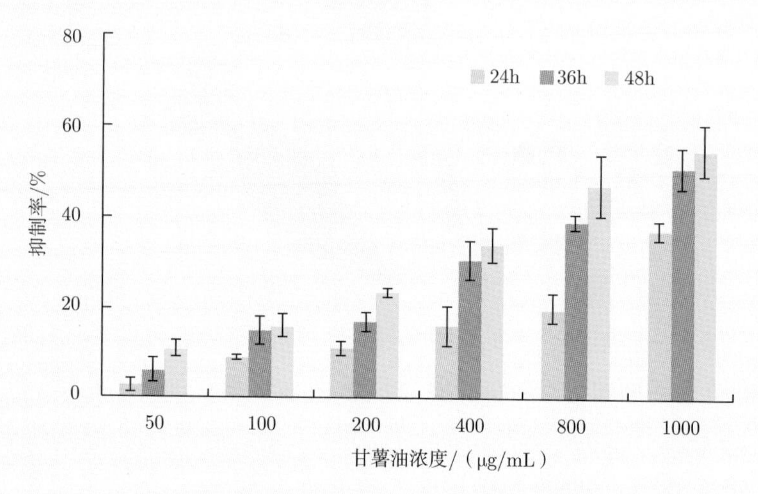

图 3-2　甘薯油对乳腺癌 Bcap-37 细胞的抑制作用

4. 癌细胞“更害怕”甘薯糖脂?

在解答癌细胞是不是“更害怕”甘薯糖脂这个难题之前，首先来了解下脂质的抗癌作用。目前，已证实植物来源的糖脂组分具有抑制癌细胞增殖和促进癌细胞分化的作用。从小球绿藻中分离出的 MGDG 对淋巴癌细胞具有较强的抑制作用；从菠菜中分离得到的糖脂对宫颈癌细胞具有较强的抑制作用；从淡水蓝绿藻中分离的

MGDG、DGDG 和硫酸甘油糖脂（SQDG）对淋巴癌细胞均具有一定的抑制作用，其中 MGDG、DGDG 对癌细胞的抑制能力明显高于 SQDG。

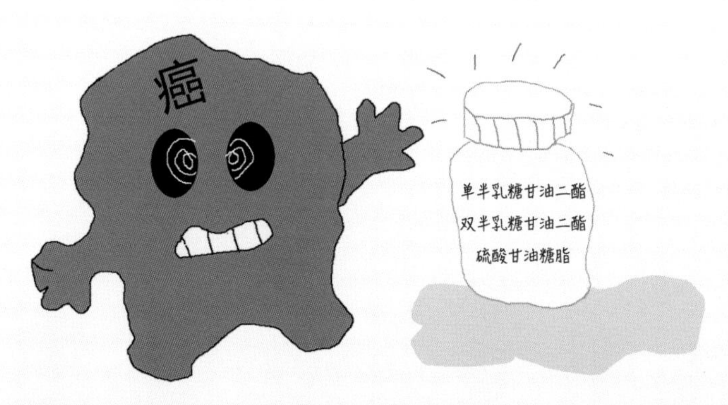

甘薯油富含糖脂，其含量明显高于其他植物，占总脂含量的 30.29%~49.25%。笔者团队已证实甘薯油可抑制结肠癌细胞增殖，那么甘薯糖脂抑制结肠癌细胞增殖作用是不是更强呢？笔者团队又有什么发现呢？

发现一：结肠癌细胞确实"更害怕"甘薯糖脂

笔者团队从甘薯油中纯化得到三种甘薯糖脂，对结肠癌 HT-29 细胞的增殖抑制作用均呈浓度及时间依赖性（图 3-3）。与甘薯油相比，甘薯糖脂对结肠癌细胞 HT-29 的抑制增殖作用均显著增强。甘薯糖脂浓度为 1000 μg/mL、处理时间 24 h 时，甘薯糖脂Ⅰ、Ⅱ和Ⅲ对 HT-29 细胞增殖的抑制率依次为 75.04%、89.32% 和 92.21%；与甘薯油相比，甘薯糖脂对细胞增殖抑制率分别提高了 42.08%、56.36% 和 59.25%。不同处理时间（12~48 h）下，甘薯糖脂组分Ⅰ、Ⅱ和Ⅲ对 HT-29 的抑制增殖作用均显著高于甘薯油。对于糖脂Ⅰ、Ⅱ和Ⅲ而言，随着处理时间的延长，抑制率增大；当浓度为 1000 μg/mL，处理 48 h 时，抑制率达到最高，分别为 91.36%、92.66% 和 99.49%。此外，甘薯糖脂Ⅲ对 HT-29 细胞的抑制效果显著高于糖脂组分Ⅰ和Ⅱ。

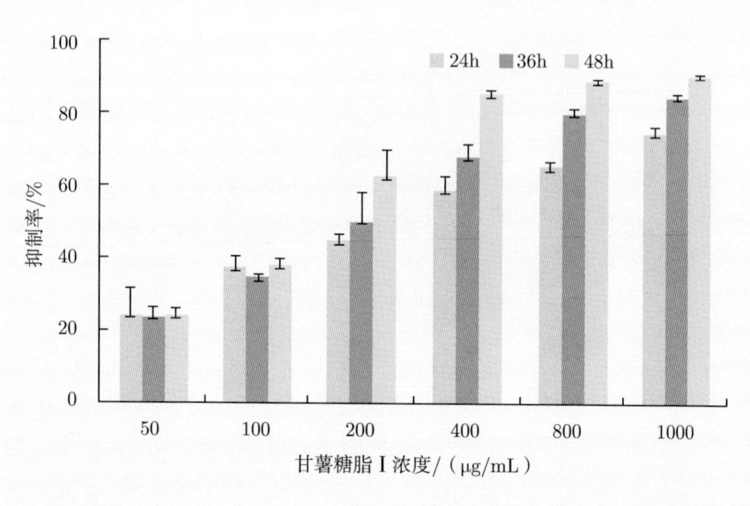

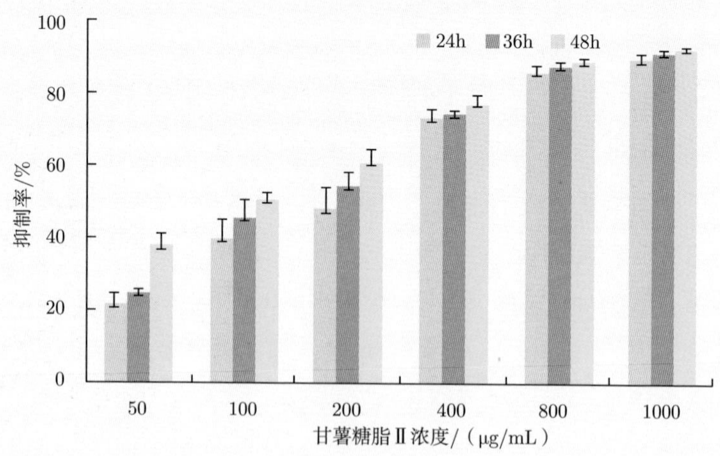

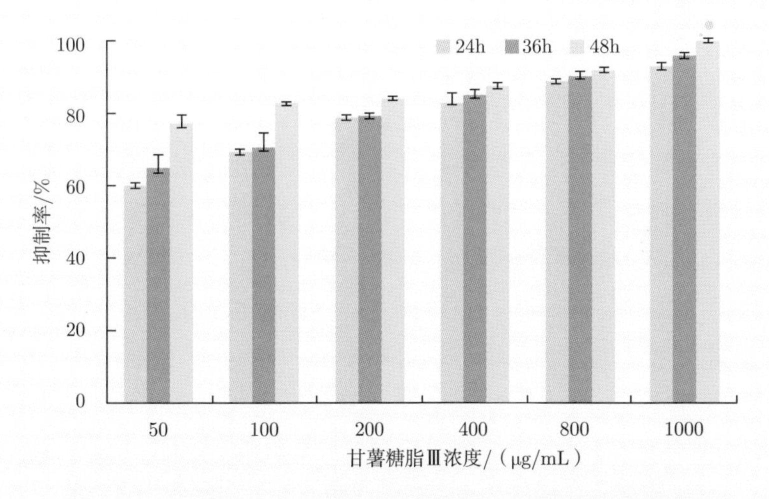

图 3-3　甘薯糖脂Ⅰ、Ⅱ和Ⅲ对结肠癌 HT-29 细胞的抑制作用

与此同时，笔者团队采用甘薯油、甘薯糖脂（Ⅰ、Ⅱ和Ⅲ）对结肠癌细胞 HT-29 进行处理，并采用结晶紫对其进行染色，而后采用显微镜进行观察被染色的活细胞（图 3-4）。随着甘薯油及甘薯糖脂浓度的增大，染色的活细胞数量明显减少。在同一浓度下比较发现，经甘薯糖脂Ⅲ处理的活细胞数明显少于甘薯油、甘薯糖脂Ⅰ和甘薯糖脂Ⅱ。

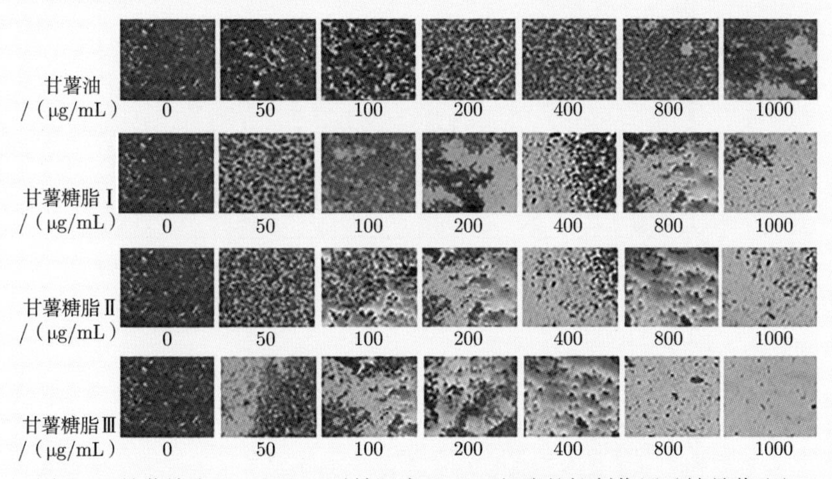

图 3-4　甘薯糖脂Ⅰ、Ⅱ和Ⅲ对结肠癌 HT-29 细胞的抑制作用（结晶紫法）

发现二：乳腺癌细胞也"更害怕"甘薯糖脂

与甘薯油相比，甘薯糖脂Ⅰ、Ⅱ和Ⅲ对乳腺癌细胞 Bcap-37 的抑制增殖作用均显著增强（图 3-5）。甘薯糖脂Ⅰ、Ⅱ和Ⅲ浓度为 1000 μg/mL，处理时间为 24 h 时，其对 Bcap-37 细胞增殖抑制率依次为 57.88%、69.44% 和 76.42%；与甘薯油相比，甘薯糖脂Ⅰ、Ⅱ和Ⅲ对细胞增殖抑制率分别提高了 20.79%、32.35% 和 39.33%。不同处理时间（12~48 h）条件下，甘薯糖脂各组分对 Bcap-37 的抑制增殖作用均显著高于甘薯油。对于甘薯糖脂，随着处理时间的延长，抑制率增大，处理时间 48 h 时抑制率均达到最大，当以 1000 μg/mL 处理 48 h 时，抑制率达到最高，分别为 80.86%、90.37% 和 95.20%。

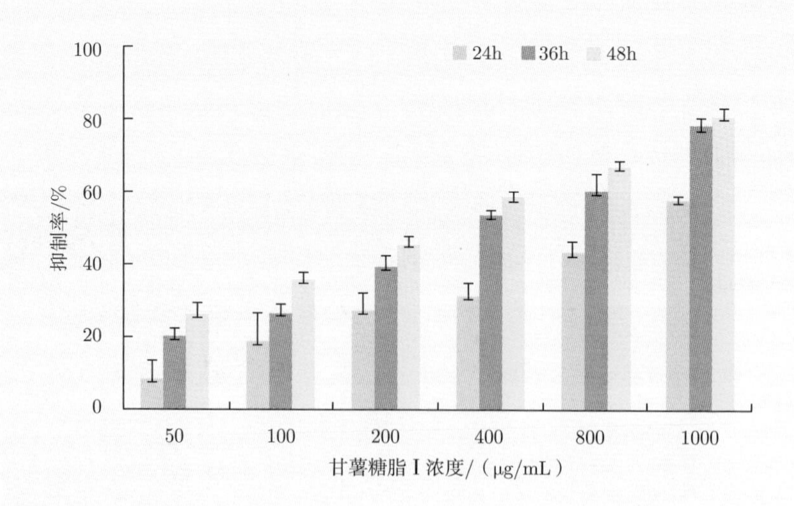

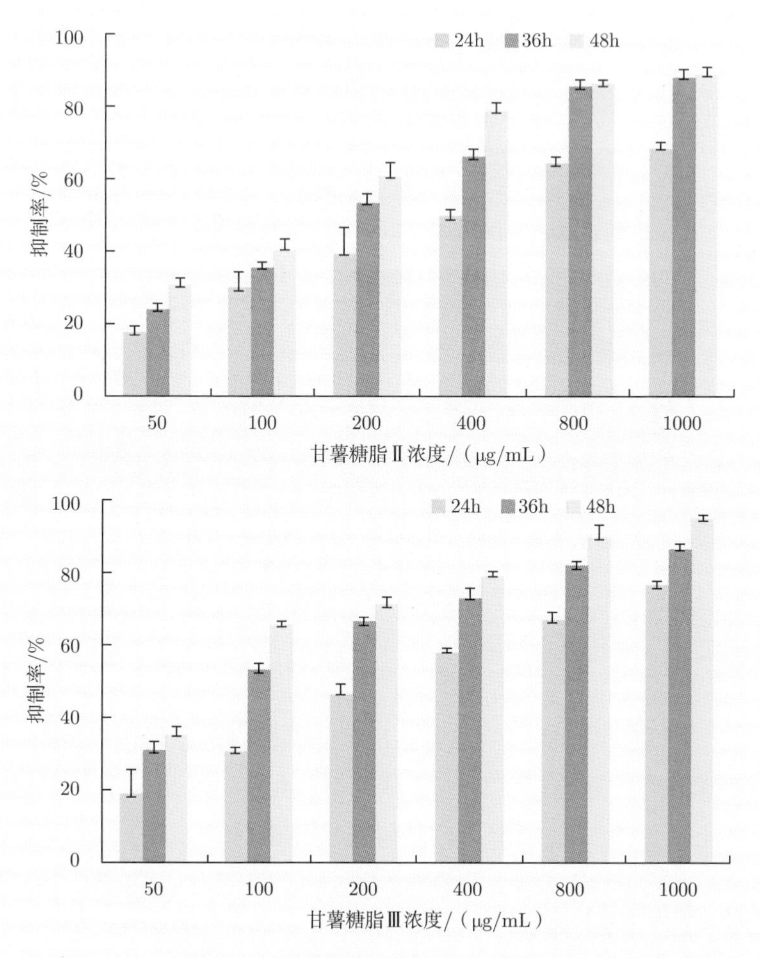

图 3-5　甘薯糖脂Ⅰ、Ⅱ和Ⅲ对乳腺癌 Bcap-37 细胞的抑制作用

与此同时，甘薯油、甘薯糖脂（Ⅰ、Ⅱ和Ⅲ）对乳腺癌细胞 Bcap-37 的影响都呈现一定的浓度依赖性；与甘薯油处理组相比，甘薯糖脂组分Ⅰ、Ⅱ和Ⅲ处理 Bcap-37 细胞后，其活细胞数明显减少；甘薯糖脂组分Ⅲ处理 Bcap-37 细胞后，抑制效果最明显（图 3-6）。

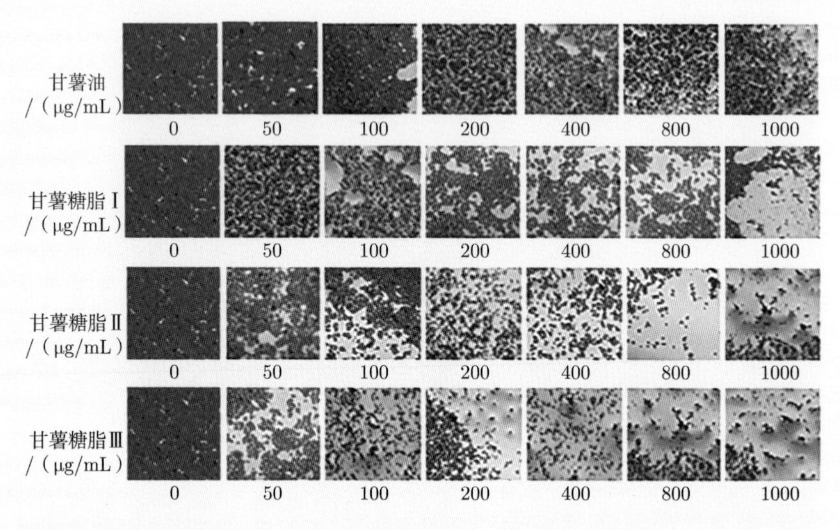

图 3-6　甘薯糖脂Ⅰ、Ⅱ和Ⅲ对乳腺癌 Bcap-37 细胞的抑制作用（结晶紫法）

发现三：结肠癌细胞"更害怕"甘薯糖脂的原因

为了解释结肠癌细胞"更害怕"甘薯糖脂的原因，笔者团队对甘薯糖脂的成分进行了分析。甘薯糖脂组分Ⅰ、Ⅱ和Ⅲ中均含有单半乳糖甘油二酯（MGDG）和双半乳糖甘油二酯（DGDG）。MGDG 和 DGDG 主要集中在糖脂组分Ⅲ中，其中 DGDG 的含量显著高于 MGDG 的含量，达到 89.16%（图 3-7）。已有学者指出，从菠菜中提取的 MGDG 和 DGDG 对血管瘤细胞、结肠癌细胞均具有强烈的抑制作用。由此，我们可以推测，甘薯糖脂抑制结肠癌细胞转移的主要原因可能是 MGDG 和 DGDG 的协同作用。

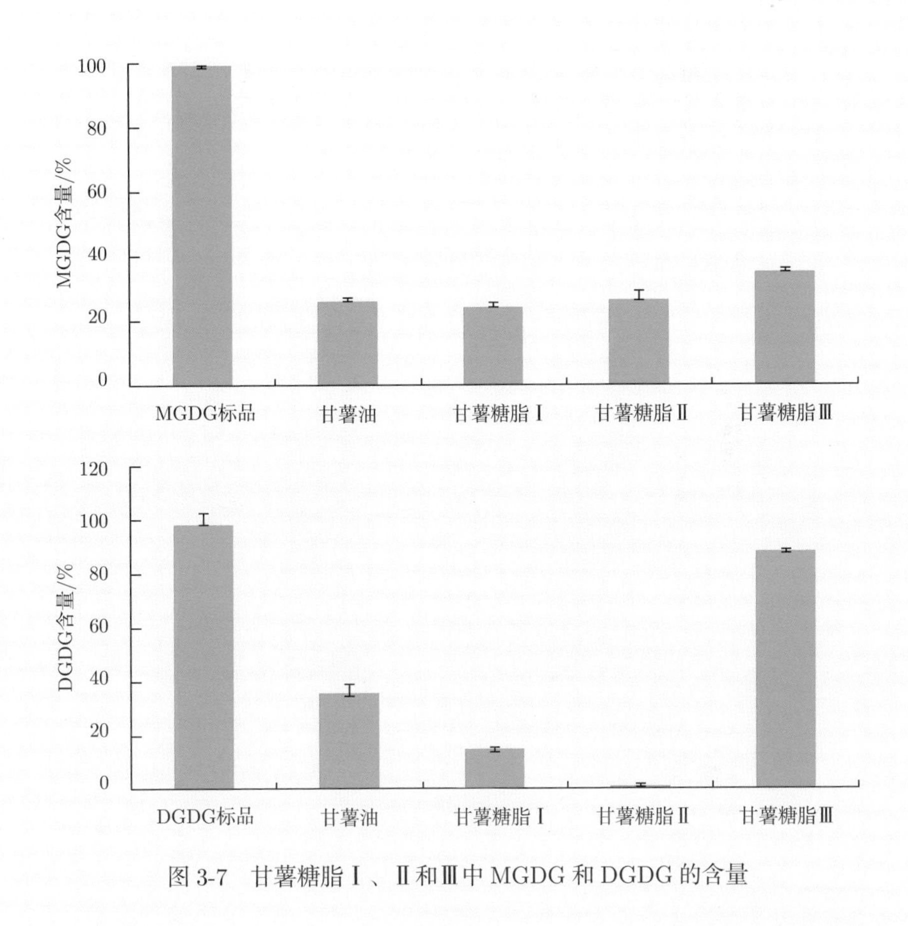

图 3-7　甘薯糖脂Ⅰ、Ⅱ和Ⅲ中 MGDG 和 DGDG 的含量

发现四：MGDG 和 DGDG 对癌细胞具有良好的抑制作用

为了研究 MGDG 和 DGDG 对癌细胞的抑制作用，采用 MGDG 和 DGDG 的标准品进行试验，浓度为 600 μg/mL，作用时间为 24 h。研究发现，MGDG 和 DGDG 标准品对结肠癌细胞 HT-29 和乳腺癌 Bcap-37 均具有强烈的抑制作用，MGDG 标准品对 HT-29 和 Bcap-37 细胞的抑制率分别为 89.32% 和 92.16%，DGDG 标准品对 HT-29

和 Bcap-37 细胞的抑制率分别为 92.23% 和 93.50%。由此可以推测，甘薯糖脂组分中对癌细胞起抑制作用的主要成分为 MGDG 和 DGDG，甘薯糖脂Ⅲ对癌细胞的抑制效果最佳的原因可能是 MGDG 和 DGDG 的含量较高（图 3-8）。

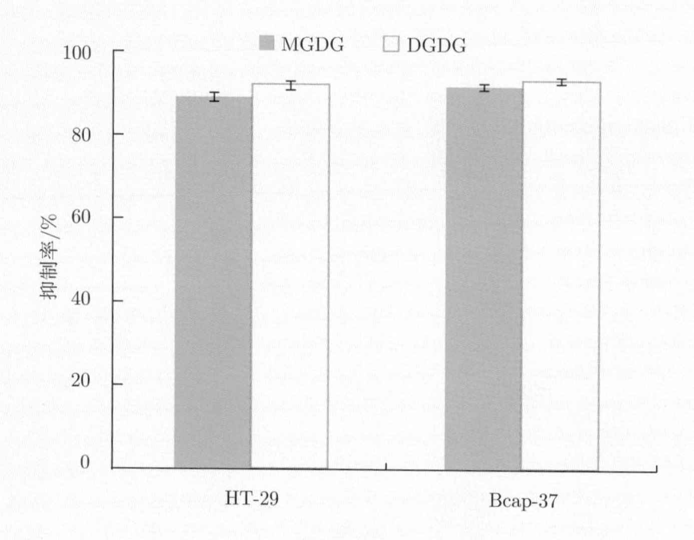

图 3-8　MGDG 和 DGDG 对结肠癌 HT-29 细胞和乳腺癌 Bcap-37 细胞的抑制作用

5. 说说甘薯油抗癌细胞转移

什么是癌细胞转移呢？癌细胞转移是指癌细胞从原发性肿瘤块迁移到远端目标组织的过程，是肿瘤治疗中的难点，也是造成与癌症相关的发病和死亡的主要原因。

癌细胞转移主要通过以下步骤：癌细胞从恶性肿瘤块中扩散出来；分泌基底膜蛋白酶破坏基底膜；侵入邻近组织及内渗进血管和淋巴液；癌细胞通过淋巴循环和血液循环到达目标组织；癌细胞进一步迁出血管，进行扩增。

癌细胞转移在癌症发展过程中起什么作用呢？癌细胞转移是造成癌症发展速度加快的重要原因。因此，抑制癌细胞转移对于阻止癌症发展具有重要作用。

那么，甘薯油有没有抗癌细胞转移的作用呢？

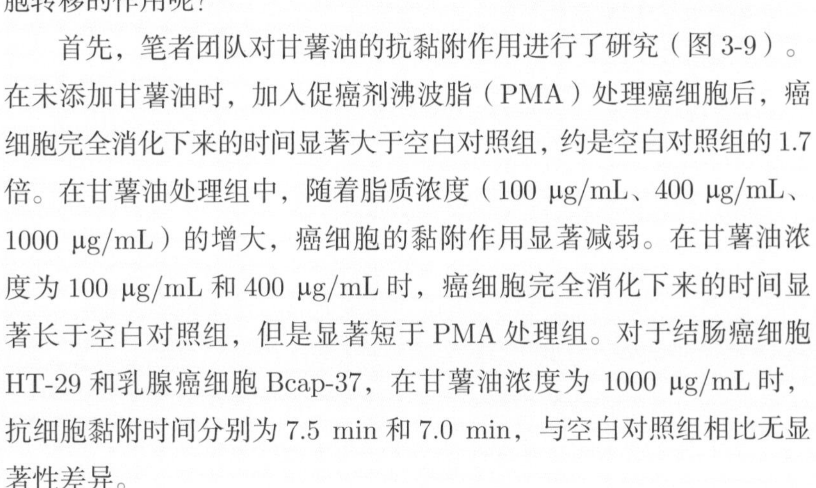

首先，笔者团队对甘薯油的抗黏附作用进行了研究（图 3-9）。在未添加甘薯油时，加入促癌剂沸波脂（PMA）处理癌细胞后，癌细胞完全消化下来的时间显著大于空白对照组，约是空白对照组的 1.7 倍。在甘薯油处理组中，随着脂质浓度（100 μg/mL、400 μg/mL、1000 μg/mL）的增大，癌细胞的黏附作用显著减弱。在甘薯油浓度为 100 μg/mL 和 400 μg/mL 时，癌细胞完全消化下来的时间显著长于空白对照组，但是显著短于 PMA 处理组。对于结肠癌细胞 HT-29 和乳腺癌细胞 Bcap-37，在甘薯油浓度为 1000 μg/mL 时，抗细胞黏附时间分别为 7.5 min 和 7.0 min，与空白对照组相比无显著性差异。

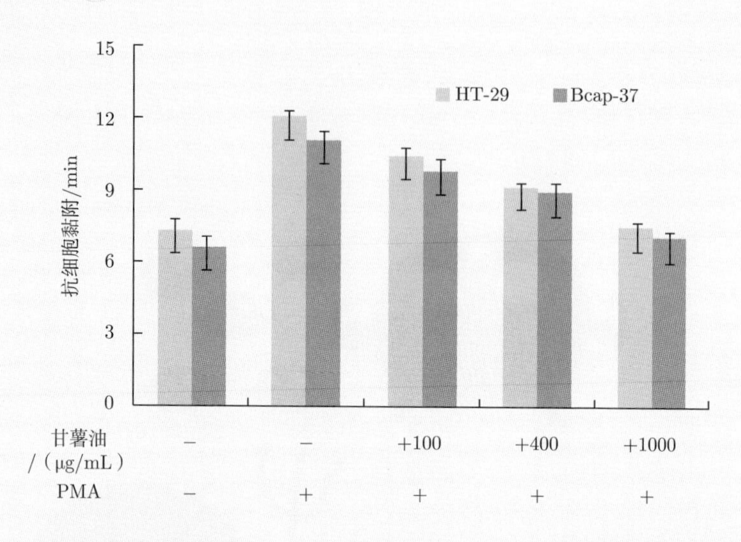

图 3-9　甘薯油对结肠癌 HT-29 细胞和乳腺癌 Bcap-37 细胞的抗黏附作用

其次，为了进一步确认甘薯油抗癌细胞转移的作用，笔者团队通过划痕愈合试验对甘薯油的抗细胞迁移作用进行了研究（图 3-10）。加入 PMA 而不加甘薯油处理癌细胞后，癌细胞的迁移率显著大于对照组和甘薯油处理组；甘薯油处理组中，甘薯油浓度（100 μg/mL、400 μg/mL、1000 μg/mL）的增大，癌细胞的迁移率显著降低；与 PMA 处理组相比，癌细胞迁移率显著降低，但仍显著大于空白对照组。

对于 HT-29 细胞，PMA 组细胞迁移率为 40.35%，而 1000 μg/mL 甘薯油处理组为 23.03%，即 1000 μg/mL 甘薯油处理使细胞迁移率降低了 42.92%；对于 Bcap-37 细胞，PMA 组细胞迁移率为 54.19%，而 1000 μg/mL 的甘薯油处理组为 35.83%，即 1000 μg/mL 甘薯油处理使细胞迁移率降低了 33.88%。由此表明甘薯油处理癌细胞可以降低癌细胞的迁移率。

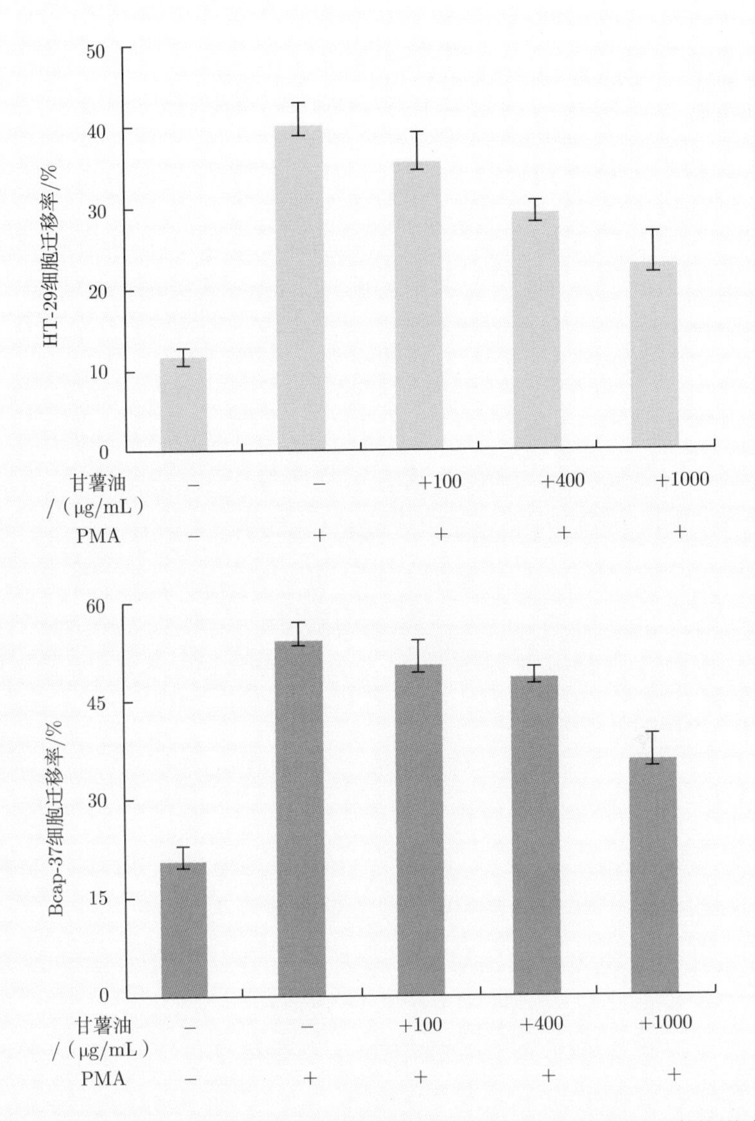

图 3-10　甘薯油对结肠癌 HT-29 细胞和乳腺癌 Bcap-37 细胞迁移率的影响

6. 谈谈甘薯糖脂抗癌细胞转移

在解答了癌细胞“更害怕”甘薯糖脂这个难题之后，我们来看看甘薯糖脂的抗癌细胞转移作用（图 3-11）。在不添加甘薯糖脂Ⅰ、Ⅱ和Ⅲ时，加入 PMA 处理癌细胞后，癌细胞完全消化下来的时间均显著大于空白对照组和甘薯糖脂处理组；各甘薯糖脂处理组中，随着糖脂浓度（100 μg/mL、400 μg/mL、1000 μg/mL）的增大，癌细胞的黏附作用显著减弱，且甘薯糖脂Ⅲ作用的效果最好，甘薯糖脂组分Ⅱ的效果次之；在各糖脂组分浓度小于 400 μg/mL 时，细胞完全消化下来的时间仍显著大于空白对照组；在甘薯糖脂浓度增大到 1000 μg/mL 时，甘薯糖脂Ⅰ作用细胞后，细胞完全消化下来的时间与空白对照组无显著差异，而甘薯糖脂组分Ⅱ和Ⅲ作用细胞完全消化下来的时间显著低于空白对照组。

对于 HT-29 细胞，甘薯糖脂浓度为 1000 μg/mL 时，甘薯糖脂组分Ⅰ、Ⅱ和Ⅲ处理组细胞完全消化下来的时间分别为 7.1 min、6.1 min 和 5.3 min，与 PMA 处理组相比分别缩短了 42.7%、50.8% 和 57.3%；对于 Bcap-37 细胞，甘薯糖脂浓度为 1000 μg/mL 时，甘薯糖脂Ⅰ、Ⅱ和Ⅲ使细胞完全消化下来的时间分别为 6.1 min、5.5 min 和 4.7 min，与 PMA 组相比分别缩短了 45.0%、50.5% 和 57.7%。与脂质相比，甘薯糖脂组分Ⅰ、Ⅱ和Ⅲ处理的 HT-29 细胞消化时间分别缩短了 4.7%、12.8% 和 19.3%，而 Bcap-37 细胞消化时间分别缩短了 8.1%、13.6% 和 20.8%。这表明甘薯糖脂Ⅰ、Ⅱ和Ⅲ可以降低癌细胞的黏附作用，效果优于甘薯油，且对 Bcap-37 效果尤为显著。

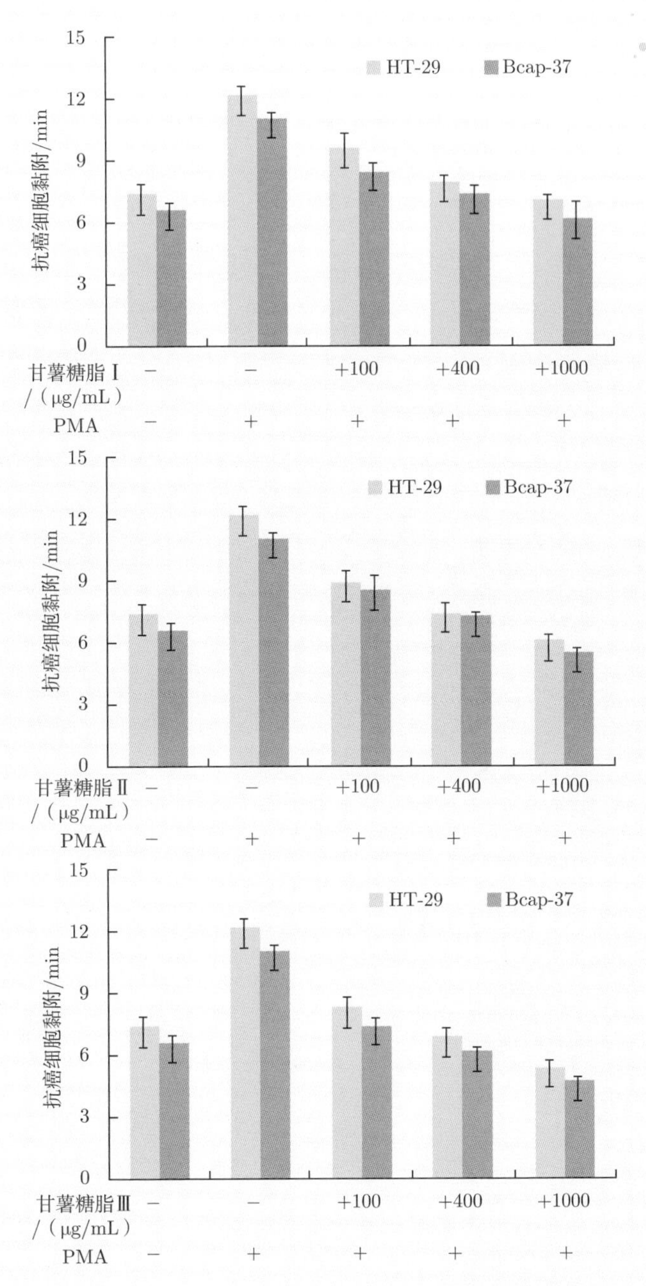

图 3-11　甘薯糖脂组分Ⅰ、Ⅱ和Ⅲ对结肠癌 HT-29 细胞和乳腺癌 Bcap-37 细胞的抗黏附作用

同样，为了进一步确认甘薯糖脂抗癌细胞转移的作用，笔者团队通过划痕愈合试验对甘薯糖脂的抗细胞迁移作用进行了研究（图 3-12 和图 3-13）。加入 PMA 而不加甘薯糖脂处理癌细胞后，癌细胞的迁移率显著大于空白对照组和甘薯糖脂处理组；甘薯糖脂组分处理组中，随着甘薯糖脂组分Ⅰ、Ⅱ和Ⅲ浓度（100 μg/mL、400 μg/mL、1000 μg/mL）的增大，癌细胞的迁移率显著降低；与 PMA 处理组相比，癌细胞迁移率显著降低。对于 HT-29 细胞，PMA 组细胞迁移率为 40.35%，而 1000 μg/mL 的甘薯糖脂Ⅰ、Ⅱ和Ⅲ处理组分别为 10.35%、8.06% 和 6.04%，即 1000 μg/mL 甘薯糖脂Ⅰ、Ⅱ和Ⅲ处理分别使细胞迁移率降低 30%、32.29% 和 34.31%（图 3-12）。由此表明，甘薯糖脂Ⅰ、Ⅱ和Ⅲ可以抑制癌细胞的迁移，效果显著优于甘薯油，且甘薯糖脂Ⅲ的效果最好。

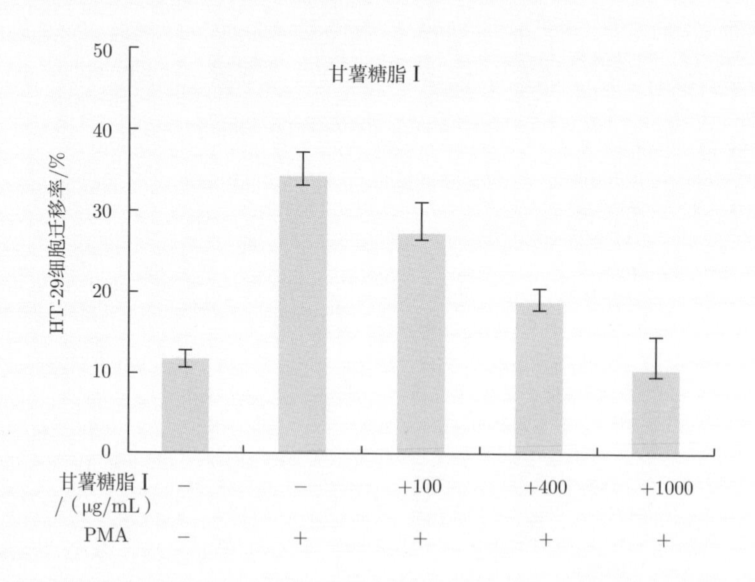

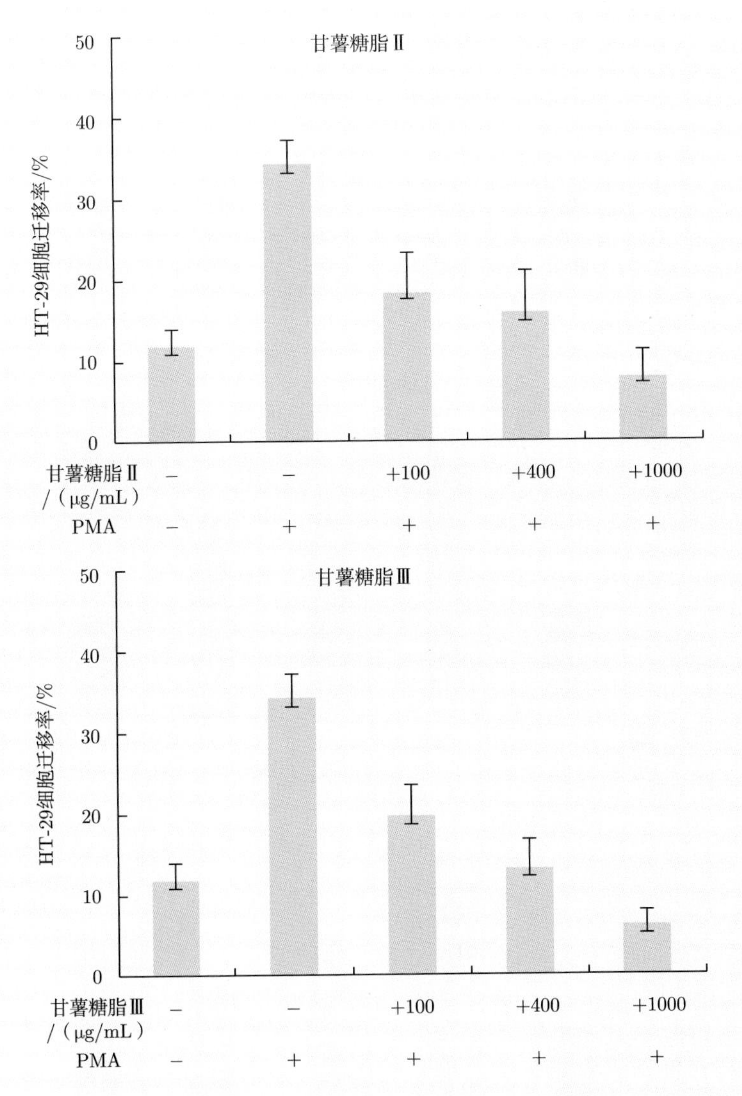

图 3-12　甘薯糖脂组分Ⅰ、Ⅱ和Ⅲ对结肠癌 HT-29 细胞迁移率的影响

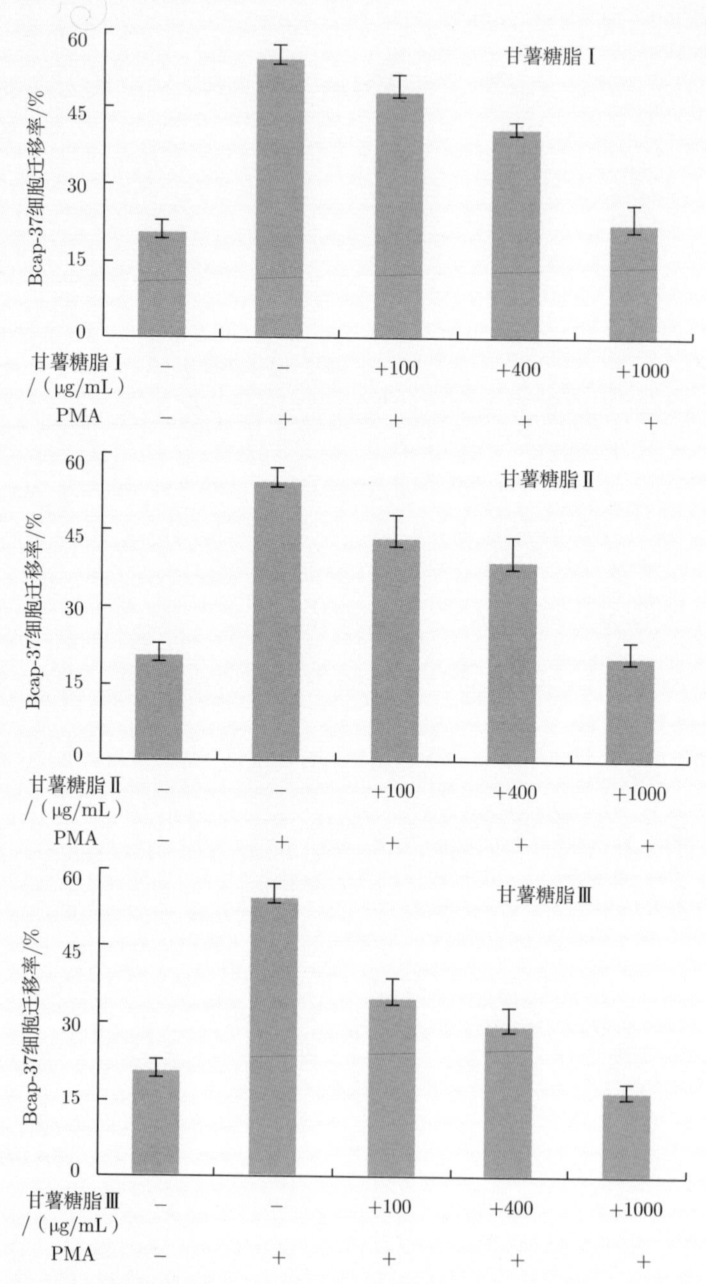

图 3-13　甘薯糖脂组分Ⅰ、Ⅱ和Ⅲ对乳腺癌 Bcap-37 细胞迁移率的影响

说了这么多，可以肯定的是，甘薯油与甘薯糖脂确实可以抑制结肠癌与乳腺癌细胞的增殖与转移。然而，笔者团队也只是通过体外试验得到了上述结果。那么，在复杂的体内环境中，甘薯油与甘薯糖脂是不是还可以发挥抑制结肠癌与乳腺癌细胞的增殖与转移作用呢？或者它们对于其他癌细胞是否也具有抑制增殖与转移的作用？这一系列的难题有待笔者团队进一步的探索。

四、甘薯油的吃法

1. 直接吃甘薯？
2. 将甘薯油提取出来？
3. 怎样得到甘薯糖脂？
4. 未来的甘薯油食品？

1. 直接吃甘薯?

食用甘薯的方法有很多，如煮食、蒸食、微波、烘烤等。笔者团队研究发现，与新鲜甘薯相比，经过煮、蒸、微波和烘烤后，甘薯油含量的变化不明显。因此，请根据个人喜好，选择安全健康的食用方式，即可摄取到一定量的甘薯油。

2. 将甘薯油提取出来?

将甘薯油提取出来确实是一个保证甘薯油摄入量的好办法，那么，甘薯油的提取方法有哪些?

首先来看下脂质的提取方法。提取脂质及测定其含量的方法主要有四种：机械压榨法、索氏提取法、氯仿 / 甲醇法和超临界流体萃取技术。

机械压榨法，也称机械法提油，是利用机械外力的挤压作用，将油料中脂质提取出来的方法。压榨法是迄今应用时间最长的一种制油方法，原理主要是借助机械外力使脂质从油料中压挤出来，主要涉及物理变化，如摩擦生热、物料变形、油脂分离、水分蒸发等。压榨法的优点是操作较为方便、投资较少。但也存在一些缺点，如油中的生物活性物质含量较低、出油率较低。与此同时，由于水分、温度的变化，油料会产生一些生化方面的变化，如酶易被破坏与易受到限制、油脂易被氧化、蛋白质易发生变性等。

索氏提取法在测定脂质含量中是普遍采用的经典方法，同时也是国标的方法之一。目前，最常采用的方法是自动脂肪测定仪法与直滴抽提法。此法适用于脂质含量高、结合态脂质含量少、不易结块吸湿的样品。食品中的游离脂肪酸一般都能从乙醚、石油醚、正己烷等有机溶剂中浸提出来，而结合态的脂质不能从上述溶剂中提取，需要进行水解处理，使之转化为游离脂肪酸。此法提取的脂质为脂质各组分的混合物，除游离脂肪酸外，还含有磷脂、色素、固醇、树脂和芳香油等其他物质，因此索氏提取法提取的脂质也统称为粗脂肪。此法测定的结果相对可靠，但缺点是耗时较长，有机溶剂的使用量大，并且需要索氏抽提器。

氯仿 / 甲醇法是一种在生物和食品中广泛应用的脂质测定方法，此方法的优点是提取率高，获得的脂质提取物较纯净，不仅能提取游离状态的脂质，而且对结合脂质提取也很有效。1983 年，美国分析化学家协会（Association of Official Analytical Chemists，AOAC）将氯仿 / 甲醇法确定为测定食品中脂质的标准方法。此方法突出的优点是出油率高、干粕中残留率低。该过程中生产效率高，可以实现高度连续化，能耗较低，但同时存在溶剂易燃易爆的危险。油粕中残留溶剂危害健康的问题。

超临界流体萃取技术是以超临界流体为萃取剂，将一种成分从混合物中分离出来的技术。二氧化碳是最常用的超临界流体。超临界二氧化碳流体具有液体、气体的双重优良特性，具有优良的溶解性和传质性，并且扩散系数大、黏度小、渗透性好、速度较快，能够快速完成传质，达到平衡状态，以实现高效分离的过程。超临界二氧化碳萃取技术作为脂质的一种温和提取手段，安全性高，但是设备成本较高，不适于中小型企业工业化生产。

当然，用上述技术都可以将甘薯油成功提取出来，那么究竟选择哪种方法要视提取的目的及投入成本而定。

3. 怎样得到甘薯糖脂?

甘薯油中富含糖脂，而癌细胞“更害怕”甘薯糖脂，那么如何得到甘薯糖脂呢?

笔者团队首先利用硅胶柱将甘薯油分离得到不同的脂质组分，分别通过氯仿、丙酮和甲醇进行洗脱，经氯仿洗脱得中性脂，丙酮洗脱得糖脂，甲醇洗脱得磷脂。

那么，得到糖脂后，如何对其进行进一步分离呢?笔者团队采用大孔树脂的方法进行上样、洗脱后，收集60%、80%和95%乙醇洗脱液，浓缩除去乙醇后冻干，分别得到甘薯糖脂Ⅰ、Ⅱ和Ⅲ。

4. 未来的甘薯油食品?

在不久的将来，在笔者团队的努力下，我们相信，大家可以在市场上买到适合自己的产品。那么，未来的甘薯油会以哪些食品形式出现呢？软胶囊？口服液？对，软胶囊和口服液这两种产品形态应该比较适合珍贵的甘薯油。除此之外，笔者团队还会开发更多的甘薯油食品，以及甘薯油与其他成分相互作用的复合食品，从而丰富人们的选择。

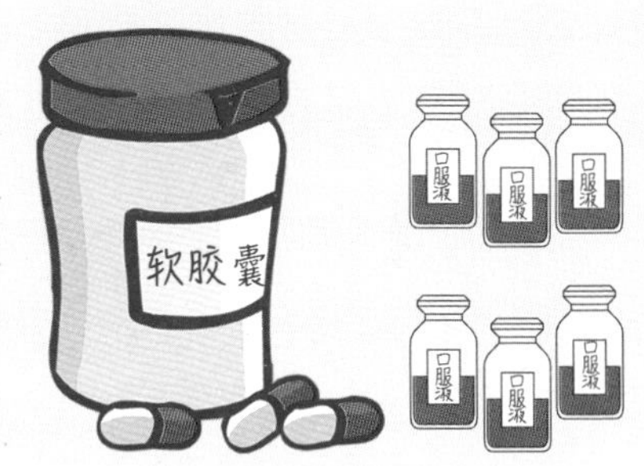

中国农业科学院农产品加工研究所

薯类加工创新团队

研究方向

薯类加工与综合利用。

研究内容

薯类加工适宜性评价与专用品种筛选；薯类淀粉及其衍生产品加工；薯类加工副产物综合利用；薯类功效成分提取及作用机制；薯类主食产品加工工艺及质量控制；薯类休闲食品加工工艺及质量控制；超高压技术在薯类加工中的应用。

团队首席科学家

木泰华 研究员

团队概况

现有科研人员 8 名，其中研究员 2 名，副研究员 2 名，助理研究员 3 名，科研助理 1 名。2003~2018 年期间共培养博士后及研究生 79 人，其中博士后 4 名，博士研究生 25 名，硕士研究生 50 名。近年来主持或参加国家重点研发计划项目 - 政府间国际科技创新合作重点专项、“863” 计划、“十一五” “十二五” 国家科技支撑计划、国家自然科学基金项目、公益性行业（农业）科研专项、现代农业产业技术体系建设专项、科技部科研院所技术开发研究专项、科技部农业科技成果转化资金项目、“948” 计划等项目或课题 68 项。

主要研究成果

甘薯蛋白

- 采用膜滤与酸沉相结合的技术回收甘薯淀粉加工废液中的蛋白。
- 纯度达 85%，提取率达 83%。
- 具有良好的物化功能特性，可作为乳化剂替代物。
- 具有良好的保健特性，如抗氧化、抗肿瘤、降血脂等。

- 获省部级及学会奖励 3 项，通过省部级科技成果鉴定及评价 3 项，获授权国家发明专利 3 项，出版专著 3 部，发表学术论文 41 篇，其中 SCI 收录 20 篇。

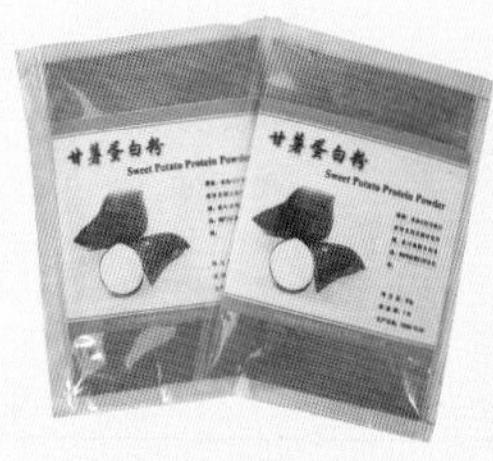

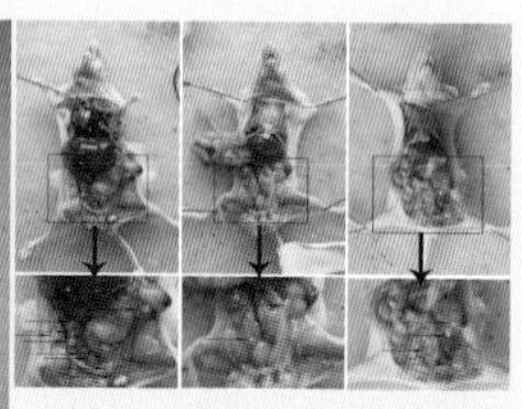

甘薯颗粒全粉

- 是一种新型的脱水制品,可保存新鲜甘薯中丰富的营养成分。
- “一步热处理结合气流干燥”技术制备甘薯颗粒全粉，简化了生产工艺，有效地提高了甘薯颗粒全粉细胞的完整度。
- 在生产过程中用水少，废液排放量少，应用范围广泛。
- 通过农业部科技成果鉴定 1 项，获授权国家发明专利 2 项，出版专著 1 部，发表学术论文 10 篇。

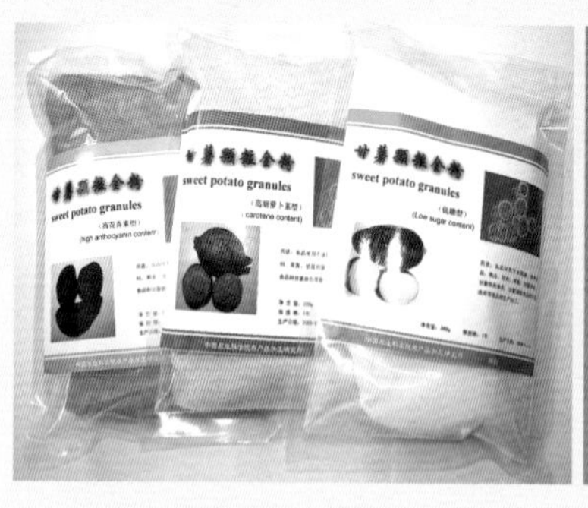

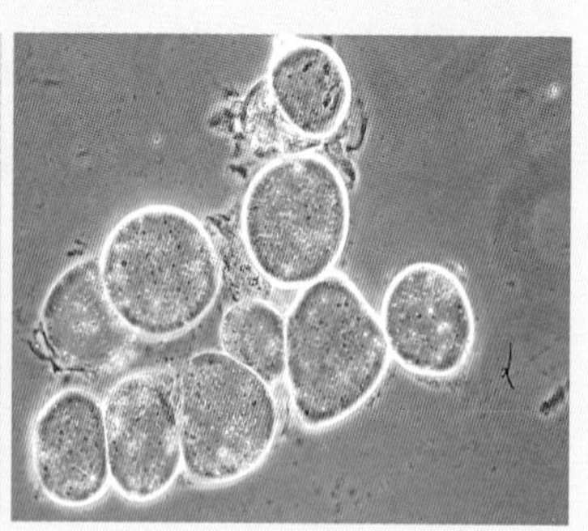

甘薯膳食纤维及果胶

- 甘薯膳食纤维筛分技术与果胶提取技术相结合，形成了一套完整的连续化生产工艺。

- 甘薯膳食纤维具有良好的物化功能特性；大型甘薯淀粉厂产生的废渣可以作为提取膳食纤维的优质原料。
- 甘薯果胶具有良好的乳化能力和乳化稳定性；改性甘薯果胶具有良好的抗肿瘤活性。
- 获省部级及学会奖励 3 项，通过农业部科技成果鉴定 1 项，获得授权国家发明专利 3 项，发表学术论文 25 篇，其中 SCI 收录 9 篇。

甘薯茎尖多酚

甘薯茎尖多酚

- 主要由酚酸（绿原酸及其衍生物）和类黄酮（芦丁、槲皮素等）组成。
- 具有抗氧化、抗动脉硬化，防治冠心病与中风等心脑血管疾病，抑菌、抗癌等许多生理功能。
- 获授权国家发明专利 1 项，发表学术论文 8 篇，其中 SCI 收录 4 篇。

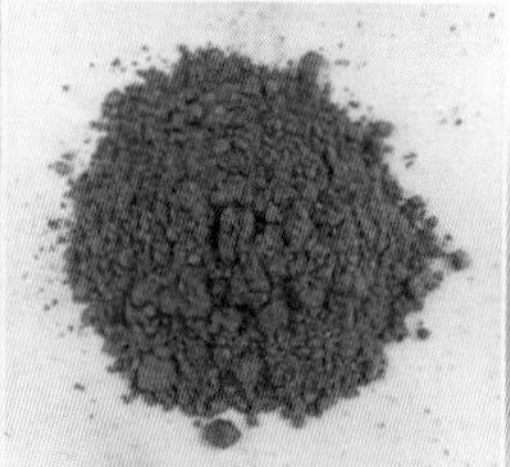

紫甘薯花青素

- 与葡萄、蓝莓、紫玉米等来源的花青素相比，具有较好的光热稳定性。
- 抗氧化活性是维生素 C 的 20 倍，维生素 E 的 50 倍。
- 具有保肝，抗高血糖、高血压，增强记忆力及抗动脉粥样硬化等生理功能。
- 获授权国家发明专利 1 项，发表学术论文 4 篇，其中 SCI 收录 2 篇。

马铃薯馒头

- 以优质马铃薯全粉和小麦粉为主要原料，采用新型降黏技术，优化搅拌、发酵工艺，经过由外及里再由里及外地醒发等独创工艺和一次发酵技术等多项专利蒸制而成。
- 突破了马铃薯馒头发酵难、成型难、口感硬等技术难题，成功将马铃薯粉占比提高到 40% 以上。
- 马铃薯馒头具有马铃薯特有的风味，同时保存了小麦原有的麦香风味，芳香浓郁，口感松软。马铃薯馒头富含蛋白质，必需氨基酸含量丰富，可与牛奶、鸡蛋蛋白质相媲美，更符合WHO/FAO的氨基酸推荐模式，易于消化吸收；维生素、膳食纤维和矿物质（钾、磷、钙等）含量丰富，营养均衡，抗氧化活性高于普通小麦馒头，男女老少皆宜，是一种营养保健的新型主食，市场前景广阔。

- 获授权国家发明专利5项，发表相关论文3篇。

马铃薯面包

- 马铃薯面包以优质马铃薯全粉和小麦粉为主要原料，采用新型降黏技术等多项专利、创新工艺及3D环绕立体加热焙烤而成。
- 突破了马铃薯面包成型和发酵难、体积小、质地硬等技术难题，成功将马铃薯粉占比提高到40%以上。
- 马铃薯面包风味独特，集马铃薯特有风味与纯正的麦香风味于一体，鲜美可口，软硬适中。
- 获授权国家发明专利1项，发表相关论文3篇。

马铃薯焙烤系列休闲食品

- 以马铃薯全粉及小麦粉为主要原料，通过配方优化与改良，采用先进的焙烤工艺精制而成。

- 添加马铃薯全粉后所得的马铃薯焙烤系列食品风味更浓郁、营养更丰富、食用更健康。
- 马铃薯焙烤类系列休闲食品包括：马铃薯磅蛋糕、马铃薯卡思提亚蛋糕、马铃薯冰冻曲奇以及马铃薯千层酥塔等。
- 获授权国家发明专利 4 项。

成果转化

1. 成果鉴定及评价

（1）甘薯蛋白生产技术及功能特性研究（农科果鉴字 [2006] 第 034 号），成果被鉴定为国际先进水平；

（2）甘薯淀粉加工废渣中膳食纤维果胶提取工艺及其功能特性的研究（农科果鉴字 [2010] 第 28 号），成果被鉴定为国际先进水平；

（3）甘薯颗粒全粉生产工艺和品质评价指标的研究与应用（农科果鉴字 [2011] 第 31 号），成果被鉴定为国际先进水平；

（4）变性甘薯蛋白生产工艺及其特性研究（农科果鉴字 [2013] 第 33 号），成果被鉴定为国际先进水平；

（5）甘薯淀粉生产及副产物高值化利用关键技术研究与应用［中农（评价）字 [2014] 第 08 号］，成果被评价为国际先进水平。

2. 获授权专利

（1）甘薯蛋白及其生产技术，专利号：ZL200410068964.6；

（2）甘薯果胶及其制备方法，专利号：ZL200610065633.6；

（3）一种胰蛋白酶抑制剂的灭菌方法，专利号：ZL200710177342.0；

（4）一种从甘薯渣中提取果胶的新方法，专利号：ZL200810116671.9；

（5）甘薯提取物及其应用，专利号：ZL200910089215.4；

（6）一种制备甘薯全粉的方法，专利号：ZL200910077799.3；

（7）一种从薯类淀粉加工废液中提取蛋白的新方法，专利号：ZL201110190167.5 ；

（8）一种甘薯茎叶多酚及其制备方法，专利号：ZL201310325014.6 ；

（9）一种提取花青素的方法，专利号： ZL201310082784.2；

（10）一种提取膳食纤维的方法，专利号：ZL201310183303.7；

（11）一种制备乳清蛋白水解多肽的方法，专利号：ZL201110414551.9；

（12）一种甘薯颗粒全粉制品细胞完整度稳定性的辅助判别方法，专利号：ZL 201310234758.7；

（13）甘薯 Sporamin 蛋白在制备预防和治疗肿瘤药物及保健品中的应用，专利号：ZL201010131741.5；

（14）一种全薯类花卷及其制备方法，专利号：ZL201410679873.X；

（15）提高无面筋蛋白面团发酵性能的改良剂、制备方法及应用，专利号：ZL201410453329.3；

（16）一种全薯类煎饼及其制备方法，专利号：ZL201410680114.6；

（17）一种马铃薯花卷及其制备方法，专利号：ZL201410679874.4；

（18）一种马铃薯渣无面筋蛋白饺子皮及其加工方法，专利号：ZL201410679864.0；

（19）一种马铃薯馒头及其制备方法，专利号：ZL201410679527.1；

（20）一种马铃薯发糕及其制备方法，专利号：ZL201410679904.1；

（21）一种马铃薯蛋糕及其制备方法，专利号：ZL201410681369.3 ；

（22）一种提取果胶的方法，专利号：ZL201310247157.X；

（23）改善无面筋蛋白面团发酵性能及营养特性的方法，专利号：ZL201410356339.5；

（24）一种马铃薯渣无面筋蛋白油条及其制作方法，专利号：ZL201410680265.0；

（25）一种马铃薯煎饼及其制备方法，专利号：ZL201410680253.8；

（26）一种全薯类发糕及其制备方法，专利号：ZL201410682330.3；

（27）一种马铃薯饼干及其制备方法，专利号：ZL201410679850.9；

（28）一种全薯类蛋糕及其制备方法，专利号：ZL201410682327.1；

（29）一种由全薯类原料制成的面包及其制备方法，专利号：

ZL201410681340.5；

（30）一种全薯类无明矾油条及其制备方法，专利号：ZL201410680385.0；

（31）一种全薯类馒头及其制备方法，专利号：ZL201410680384.6；

（32）一种马铃薯膳食纤维面包及其制作方法，专利号：ZL201410679921.5；

（33）一种马铃薯渣无面筋蛋白窝窝头及其制作方法，专利号：ZL201410679902.2。

3. 可转化项目

（1）甘薯颗粒全粉生产技术；

（2）甘薯蛋白生产技术；

（3）甘薯膳食纤维生产技术；

（4）甘薯果胶生产技术；

（5）甘薯多酚生产技术；

（6）甘薯茎叶青汁粉生产技术；

（7）紫甘薯花青素生产技术；

（8）马铃薯发酵主食及复配粉生产技术；

（9）马铃薯非发酵主食及复配粉生产技术；

（10）马铃薯饼干系列食品生产技术；

（11）马铃薯蛋糕系列食品生产技术。

联系方式

联系电话：+86-10-62815541

电子邮箱：mutaihua@126.com

联系地址：北京市海淀区圆明园西路 2 号中国农业科学院
农产品加工研究所科研 1 号楼

邮　　编：100193